Фронтовая иллюстрация

独ソ戦車戦シリーズ
3

ハリコフ攻防戦

1942年5月　死の瀬戸際で達成された勝利

著者
マクシム・コロミーエツ
Максим КОЛОМИЕЦ

翻訳
小松徳仁
Norihito KOMATSU

監修
齋木伸生
Nobuo SAIKI

БОИ ЗА ХАРЬКОВ в мае 1942 года

大日本絵画
dainipponkaiga

目次　contents

2 ●目次、原書スタッフ

3 ●序文

4 ●**第1章**
ソ連軍のハリコフ奪回作戦の準備と実施（1942年5月12日～16日）
ПОДГОТОВКА К ОПЕРАЦИИ И НАСТУПЛЕНИЕ
СОВЕТСКИХ ВОЙСК С 12 ПО 16 МАЯ 1942 ГОДА

- 4　独ソ両軍の計画
- 11　作戦実施準備
- 27　北部突撃集団の攻勢（5月12日～14日）
- 40　南部突撃集団の攻勢（5月12日～14日）
- 57　北部突撃集団の戦闘活動（5月15日～16日）
- 62　南部突撃集団の攻勢（5月15日～16日）

72 ●**第2章**
ドイツ軍の反撃と包囲戦（1942年5月17日～28日）
КОНТРУДАР НЕМЕЦКИХ ВОЙСК И БОИ В ОКРУЖЕНИИ
[17-28 МАЯ 1942 ГОДА]

- 72　南方面軍第9及び第57軍の戦闘（1942年5月7日～16日）
- 79　南方面軍第9及び第57軍の防御戦と南西方面軍突撃集団の攻勢続行（1942年5月17日～20日）
- 114　南部集団の編成とバルヴェンコヴォ包囲戦（5月23日～28日）
- 129　おわりに

81 ●塗装とマーキング

135 ●部隊名など用例／参考文献と資料

原書スタッフ

発行所／有限会社ストラテーギヤ KM
　　　　ロシア連邦　125015　モスクワ市　ノヴォドミートロフスカヤ通り5-A 701号室
　　　　電話：7-095-787-36-10
発行者／マクシム・コロミーエツ　　　　　カラーイラスト／アンドレイ・アクショーノフ
プロジェクトチーフ／ニーナ・ソボリコーヴァ　　地図／パーヴェル・シートキン

■写真キャプション中の「付記」は、日本語版（本書）編集の際に、監修者によって付け加えられた。

序文

　本書は、1942年5月12日～20日のハリコフ戦線におけるソ連南西方面軍の攻勢作戦と、5月17日～28日にかけてドイツ南方軍集団がバルヴェンコヴォ橋頭堡において展開した反撃に対するソ連南西方面軍と南方面軍の防衛戦を紹介している。

　南西方面軍の戦闘活動とそれに続く南方面軍の動きは、ふたつの段階に分けることができる。

　第一段階（5月12日～16日）は南西方面軍の攻勢発起に始まり、攻勢戦線北部と南部におけるドイツ軍主防御陣地帯の突破、その後の攻勢拡大とドイツ軍作戦予備部隊との戦闘へと発展していった。

　第二段階（5月17日～28日）では、バルヴェンコヴォ橋頭堡における南西方面軍と南方面軍の防衛戦と包囲網突破戦闘が繰り広げられた。

　ソ連軍が確たる理由もなしに作戦計画から逸脱し、両方面軍の連携も偵察活動も不十分で、さらに司令部が一連の作戦ミスを犯したことは、ソ連軍が1942年5月に独ソ南部戦線で大敗北を喫し、ドネツ川[注1]の奥に後退することにつながった。南西方面軍の攻勢とその後のバルヴェンコヴォ橋頭堡での南西方面軍及び南方面軍の防衛戦が失敗したことは、1942年夏季のソ連軍の形勢に否定的な影響を及ぼした。

　本書は、この作戦に関する史料を体系化しようとする初の試みであるが、それらを十分に分析し尽くしたとはいい切れない。また、赤軍の多くの部隊、特に包囲された部隊に関する資料が欠如しているため、その兵力の詳細を割り出すこともできない。とはいえ、ここに紹介した資料は、ソ連軍によるハリコフ奪回作戦の計画と準備と実施について、読者諸氏がその特徴を自ら判断していただく可能性を提供できるものと信ずる。

　本書の執筆にあたりご協力いただいたK・ステパンチコフ氏に謝意を表したい。

マクシム・コロミーエツ

[注1] 正式名称はセーヴェルスキー・ドネツ川である。（訳者）

第1章
ソ連軍のハリコフ奪回作戦の準備と実施（1942年5月12日〜16日）
ПОДГОТОВКА К ОПЕРАЦИИ И НАСТУПЛЕНИЕ СОВЕТСКИХ ВОЙСК С 12 ПО 16 МАЯ 1942 ГОДА

独ソ両軍の計画
ПЛАНЫ ПРОТИВОБОРСТВУЮЩИХ СТОРОН．

　1941年12月にロストフ郊外のドイツ軍部隊が壊滅的打撃を蒙った後、ソ連南西部戦線（＊）の左翼には比較的平穏な状況が生まれ、独ソ双方はそれを利用して以後の作戦の準備に取り組んでいた。（＊1942年春に南西方面軍と南方面軍を統合する機関として創設されたが、その背景にはS・チモシェンコ元帥[注2]個人のための政治的意図があった。しかし、有効に機能しえなかったために同年夏には廃止された：著者注）

　ドイツ南方軍集団は、ドンバス炭田地帯奪取の完了と、より大規模な夏季攻勢に向けた橋頭堡の構築を目的とした春季作戦を準備していた。

　ソ連軍指導部もまた、積極的な攻勢作戦を計画していた。1941

1：敵陣の攻撃に向かう第5親衛戦車旅団のT-34/76搭乗強襲部隊（タンクデサント）。1942年5月、南西方面軍。（ロシア中央軍事博物館所蔵、以下CMAFと表記）
付記：ソ連軍は、輸送用装甲車両の不足から、戦車をそのまま輸送車両として使用した。といっても単に狙撃兵（歩兵）を戦車にしがみつかせるというだけの話で、戦車はいいが、当然生身の人間は無装甲で弾雨に耐えられるわけもなく、彼ら狙撃兵の寿命はわずか1週間といわれた。

[注2]　1895年生まれ。騎兵将校。1939年ポーランド侵攻でウクライナ方面軍を指揮、1940年冬戦争（ソ芬戦争）でメレツコフから指揮を引き継ぎ、カレリヤ地峡での攻勢を成功させる。その後ソ連軍の再編成にあたった。（監修者）

年12月19日、南西部戦線総司令官S・チモシェンコ元帥はソ連軍最高総司令部（スターフカ）に作戦の構想を提示した。それは、南西方面軍と南方面軍が独ソ戦線南翼においてドイツ軍を撃滅し、ドニエプル川に進出することを企図するものであった。しかし、ソ連軍最高総司令部はチモシェンコ案は却下し、その代わりに、ドンバス地方にいるドイツ軍部隊を叩く個別戦術的な作戦を実施するよう提案し、この作戦はバルヴェンコヴォ・ロゾヴァーヤ作戦と名づけられた。

その狙いは、南西方面軍と南方面軍の隣接翼部の攻撃をもってドイツ軍の防衛線を突破し、ザポロージエに向けて攻勢を拡大しつつ、ドイツ軍ドンバス～タガンローグ部隊の後方を衝くことにあった。その後、西方への退路を絶ち、この部隊をアゾフ海に追い詰め、殲滅することが予定されていた。

作戦は1942年1月18日に開始され、緒戦は順調であった。しかし1月末には、ドイツ軍は追加兵力をかき集め、ソ連軍の攻勢は押し止められた。ここで戦況は膠着化したが、各地の小競り合いはさらに1カ月半ほど続いた。

この作戦の結果、ソ連南西方面軍と南方面軍はイジューム、ロゾヴァーヤ、バルヴェンコヴォから形成される、縦深約90km、正面100kmの突出部を支配下に置いた。ソ連軍にとって、この突出部を手にしたことは、二重の意味を持っていた。一方では、ドイツ軍のハリコフ～ドンバス部隊への翼部と後方を攻撃する上で有利な位置を占めたといえるが、他方、ソ連軍部隊は自ら袋小路に入り込んだ形となり、ドイツ軍に包囲される恐れがでてきた。

この地区での攻勢計画にソ連軍指導部が再び取り組んだのは、1942年もすでに3月のことであった。このとき、南西部戦線軍事会議（総司令官 S・K・チモシェンコ元帥、軍事会議員 N・S・フルシチョフ、作戦本部長 I・KH・バグラミャン将軍）は、ソ連軍最高総司令官[注3]に対して同戦線配下のブリャンスク、南西、南の3個方面軍の兵力をもって攻勢作戦を実施し、対峙するドイツ軍部隊を破り、ゴーメリ～キエフ～チェルカースィ～ペルヴォマーイスク～ニコラーエフの線に進出することを提案した。赤軍参謀本部は南西部戦線軍事会議の提案を検討したが、この案には賛同できず、1942年の春に南部で攻勢作戦を実施することは不可能との判断をスターリンに報告した。ソ連軍最高総司令部は当時、南西部戦線兵力を増強できるほどの十分な予備兵力を持たなかったため、スターリンは参謀本部の見解に同意したものの、チモシェンコに対しては、南西部戦線の現有兵力をもってハリコフ地区獲得を目的とした、戦術的で、より局地的な作戦の草案を準備するよう指示した。

［注3］I・V・スターリン（訳者）

ソ連南西部戦線軍事会議はこの指示に基づいて、ハリコフ地区獲

得とさらにドニエプロペトローフスク及びシネーニリコヴォに向けた攻勢に関する作戦計画を練り、1942年4月10日に最高総司令部に提出した。

　バルヴェンコヴォ突出部からハリコフに向けた主攻撃を担当したのは、A・M・ゴロドニャンスキー将軍率いる第6軍であった。L・V・ボープキン戦闘集団はクラスノグラードに攻撃を発起し、第6軍の活動を南西方向から援護した。ヴォルチャンスク地区からはD・I・リャービシェフ将軍の第28軍の部隊と第21及び第38軍の一部が、第6軍と向き合うように攻撃を発起した。これらのヴォルチャンスク進発部隊はハリコフに北と北西から進入することになっていた。

　それまでの戦闘で疲弊した南方面軍（司令官－R・YA・マリノーフスキー将軍[注4]、軍事会議員－I・I・ラーリン師団政治委員、参謀長－A・I・アントーノフ将軍）は、積極的な課題は受領しなかった。南方面軍のK・P・ポードラス将軍の第57軍とF・M・ハリトーノフ将軍の第9軍は、南西方面軍の攻撃部隊を南方から援護すべく、バルヴェンコヴォ橋頭堡南面の防御態勢を整えねばならなかった。ハリコフ作戦において南西方面軍を北から支援することを最高総司令部が企図していたブリャンスク方面軍の攻勢計画は、4月24日に破棄された。

　ソ連南西方面軍部隊の攻勢発起は、方面軍司令官訓令1942年4月28日付第00275号では、5月4日に予定されていたが、部隊の準備が整っていないことから5月12日に延期された。

2：攻撃発起地点に進む第57戦車旅団のBT-5快速戦車。1942年5月12日、東ウクライナ、南方面軍。（CMAF）
付記：BT-5は1933年〜1934年に生産された装輪装軌式戦車で、45mm戦車砲を装備、1,621両が生産された。左右フェンダー上に搭載されているのは溝などを通過する時に履帯の下に入れるソダ束である。

[注4] 1898年生まれ。バルバロッサ作戦当時には、オデッサで第1軍の指揮にあたっていたが、1941年12月から南西方面軍の指揮を行う。その後、スターリングラード、ウクライナ、ルーマニア、ハンガリーと転戦、最後は満州で日本軍と戦った。（監修者）

3：BT-7快速戦車に燃料をバケツから流し込んでいる。1942年5月、南西方面軍。(ロシア国立映画写真資料館所蔵、以下RGAKFDと表記)
付記：円筒形砲塔の1935年型。出力365馬力のM5 12気筒ガソリンエンジンを装備していた。

4：ドンバス地方のある町に遺棄されていたドイツ第3戦車師団の装甲輸送車Sd.kfz.251/10とⅢ号戦車F型。1942年3月、南西方面軍。(「ストラテーギヤKM」社所蔵、以下ASKMと表記)
付記：Sd.kfz.251/10は、Sd.kfz.251/1装甲兵員輸送車に3.7cm対戦車砲を装備した支援車両で、小隊長車として使用された。Ⅲ号戦車F型は1939年9月から1940年7月までに435両が生産された。もともとは3.7cm砲を装備していたが、後に写真の車体のように5cm砲装備に改修された。

5：T-26軽戦車1939年型とBT-2快速戦車が松林の中に偽装配置されている。1942年4月初頭、南西方面軍第13戦車旅団。（RGAKFD）

付記：T-26 1939年型は円錐形砲塔を装備した改良型で、1939年〜1940年に生産された。車体が傾斜装甲となったタイプはその後期の生産型である。武装には45mm戦車砲を装備している。BT-2は1932年から1933年にかけて生産された。37mm砲搭載型は208両生産された。

　作戦の計画段階においてすでに、ソ連軍指導部はドイツ軍が攻勢を発起する可能性があるとの最初の情報を受け取った。すなわち、ドイツ軍は兵力を集結させており、雨天が去り次第バルヴェンコヴォ突出部の殲滅を試みるかもしれないというものである。しかし、その攻撃はハリコフ方面からのみと想定され、深刻な危険性があるものとは受け止められなかった。

　ドイツ軍の1942年春季の計画もまた、ソ連軍同様に攻勢活動を予定していた。ドイツ陸軍総司令部訓令1942年4月5日付第41号にはこう書いてある──「ロシアにおける冬季作戦は終結に向かいつつあり……気象条件と地上の状態が好適な環境をもたらすやいなや、ドイツ軍司令部と部隊は自らの優勢を利用して、敵をわが方の思うがままにするべく、イニシアチブを獲得せねばならない。それにあたっては、次の目的が追求されなければならない。すなわち、ソヴィエト連邦の軍事力を最終的に壊滅させ、同国の重要軍事産業拠点を奪取または破壊することにより、軍事生産力を喪失させるのである」。

　1942年の春も過ぎようという頃、ドイツ軍司令部はバルヴェンコヴォ突出部を殲滅する計画に着手し、それは「フリデリクス1」作戦と命名された。その企図するところは、パウルス将軍の第6軍がバラクレーヤ地区から、そしてクライスト戦闘集団（第1戦車軍と第17軍）がスラヴャンスク及びクラマトールスク地区からイジュ

6：ドイツ軍を攻撃中の第13戦車旅団。手前はBT-7快速戦車、奥はBT-2快速戦車機関銃型が疾駆している。1942年5月12日、南西方面軍。(RGAKFD)
付記：BT-7は円筒形砲塔の1935年型。BT-2機関銃型は412両が生産された

ームを挟撃、バルヴェンコヴォ地区のソ連軍部隊を包囲殲滅し、イジューム地区の橋頭堡を獲得することにあった。この橋頭堡はさらなる攻勢拡大の出発点となるはずであった。「フリデリクス1」作戦は、カフカース地方とヴォルガ地方への攻勢を発展させるための環境創出を目的としていた。

このように、1942年春季及び夏季の主要作戦課題の遂行は、独ソ双方ともに戦線南部をその舞台に想定していた。

ハリコフ作戦開始時の独ソ両軍部隊の総兵力はほぼ均衡していた。ソ連軍南西部戦線（南西方面軍と南方面軍）は64万名の将兵と1,200両以上の戦車、砲と迫撃砲1万3,000門、戦闘用航空機926機を保有していた。ドイツ軍は63万6,000名を数え、戦車1,000両以上、砲と迫撃砲約1万4,000門、航空機1,000機以上が集結していた。しかし、ソ連南西方面軍は対峙するドイツ軍部隊に比べ、兵員数で約1.5倍、戦車数では2倍も優勢であったが、南方面軍は兵員、兵器ともかなり劣勢であった。

ところが、ドイツ軍歩兵師団はこのときはすでに豊富な戦闘経験を有し、ソ連軍狙撃兵師団に比べて火力や攻撃力、指揮連絡手段において優っていた。ソ連軍狙撃兵師団は、対戦車兵器と高射火器の配備率が低く、攻勢戦闘時の部隊統御に必要不可欠な無線通信局が不足していた。

その上、赤軍の中でも最も戦闘能力の高い常設部隊の大半が、

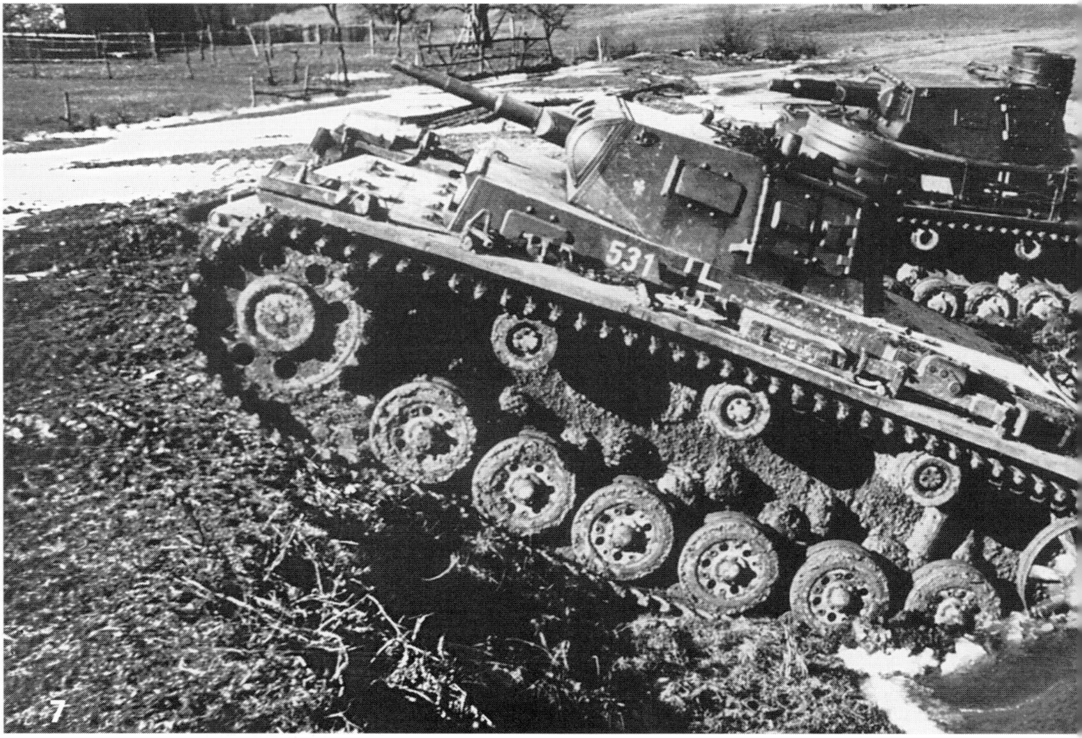

7

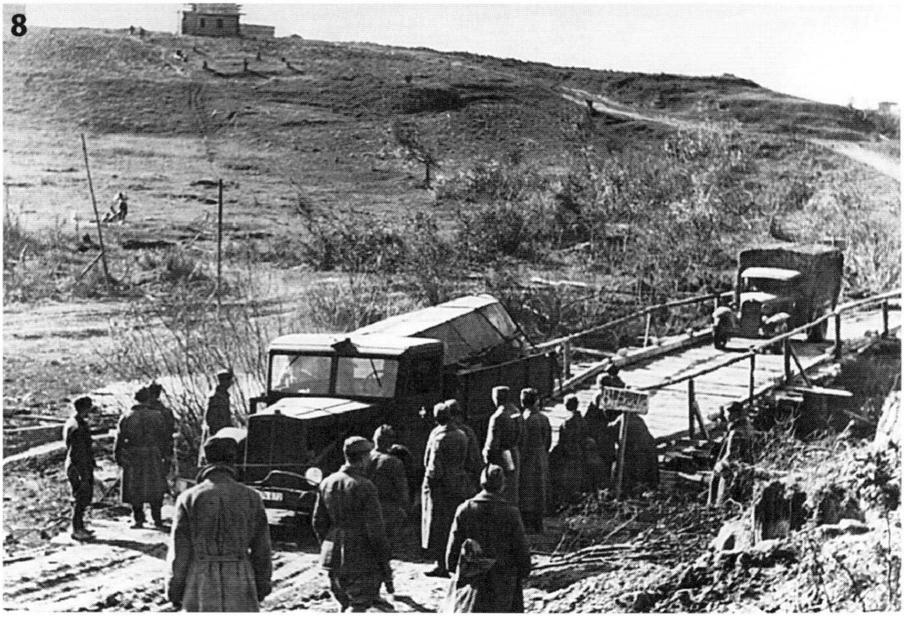
8

1941年夏季及び秋季の激戦で壊滅状態にあった事実も指摘しておかねばならない。新たに編成された師団は、例のごとく、十分な軍事訓練を受けていない新兵が中心であった。下級士官（小隊長、中隊長、大隊長）の大半は、予備役から召集された将校や短期研修を受けたばかりで戦闘経験もない士官であった。

ドイツ軍部隊が優位にあった重要なポイントのひとつは、国防軍が有していた大量の自動車両であり、そのためソ連部隊よりもはるかに機動性が高かった点であろう。

ドイツはまた、航空艦隊という、編制のより優れた空軍を有していた。ドイツ南方軍集団を支援していたのは第4航空艦隊であった。一元化された統帥機構や飛行場整備機関を持つドイツ軍司令部は、必要な戦区に航空戦力を造作なく集結させることができた。

ソ連の航空兵力の編制はかなり細分化されていた。各方面軍の戦闘用航空機はおもに、普通科軍司令官が指揮する軍航空隊に配備され、方面軍航空隊直属の航空機の数は多くはなかった。すべてこれらの要素は、作戦課題遂行のために航空機を大量に使用することを困難にした。

作戦実施準備

ПОДГОТОВКА К ПРОВЕДЕНИЮ ОПЕРАЦИИ.

ソ連南西方面軍攻勢地帯にあるドイツ軍主防御陣地帯を突破する上で、新しい戦術部隊である戦車軍団を投入することが決定された。南西部戦線総司令官はソ連軍最高総司令部の1942年4月17日付訓令に基づいてこれらの軍団を編成した。定数によると、戦車軍団は戦車旅団3個と自動車化狙撃兵旅団1個からなっていた。しかし、これらの軍団はすでに前線での戦闘経験のある旅団で編成されたため、実際の兵員数や兵器配備率の面ではばらばらであった。

全部で4個編成された戦車軍団の概要は以下の通りである：

第21戦車軍団 ── 第64、第198、第199戦車旅団、第4自動車化狙撃兵旅団；

第22戦車軍団 ── 第13、第36、第133戦車旅団、第51自動二輪大隊、自動車化狙撃兵大隊（番号不詳）；

7：3.7cm砲を搭載したIII号戦車E型（531号車）と7.5cmL/24砲搭載のIV号戦車D型（835号車）。531号車の車体番号は、白い菱形の大隊章の上に書かれている。おそらく、ドイツ国防軍第60自動車化歩兵師団の所属車両と思われる。1942年4月、南西方面軍。（ASKM）
付記：III号戦車E型は1938年12月から1939年10月に96両が生産された。IV号戦車D型は1939年10月から1941年5月に229両が生産された。第60自動車化歩兵師団に第160戦車大隊が配属されたのは1942年6月12日のはずだが……。

8：橋を渡る第168歩兵師団の車列（MAN社製とソ連製捕獲GAZ-AAと推定される）。両端にはソ連軍捕虜たちが立っている。標識には「81Brucke」とある。1942年5月、チュグーエフ北方、南西方面軍。（RGAKFD）
付記：ドイツ製と思われるトラックは2.5t統制型ディーゼルトラックのようだが、はっきりしない。

第23戦車軍団 ── 第6、第130、第131戦車旅団、第23自動車化狙撃兵旅団；

第24戦車軍団 ── 第4親衛、第2、第54戦車旅団、第24自動車化狙撃兵旅団。

3個戦車軍団は南西方面軍の配下（第21及び第23軍団は第6軍攻勢地帯、第22軍団は第38軍攻勢地帯）で、また、第24戦車軍団は南方面軍内で編成された。

ソ連各方面軍ですでに戦闘に使用されている旅団や、新たに到着した旅団で編成されたこれら戦車軍団の装備はかなり雑多であった。

南西方面軍では戦車旅団19個と独立戦車大隊4個が集結した。そのうち5個戦車旅団（第6、第7、第64、第130、第131）は南方面軍から南西方面軍司令官の配下に転属されたもので、2個戦車旅団（第198及び第199）は最高総司令部予備から移譲され、ヴォロネジ地区から派遣されたものであった。残る12個旅団は、すでに南西方面軍のいろいろな戦区ですでに使用された部隊であった。最高総司令部予備の独立戦車大隊は、ドイツ軍の防衛線を突破する使命を帯びていた。

赤軍戦車部隊の中核が国産戦車であったこれまでの作戦と異なり、ハリコフ攻防戦ではレンド・リース法[注5]によってイギリスとアメリカからソ連に供給される戦車が大量に使用された。それはおもに、1941年秋から赤軍に配備されるようになったイギリスの歩兵戦車Mk.Ⅱマチルダと歩兵戦車Mk.Ⅲヴァレンタインであった。しかも、それらは南西方面軍と南方面軍の保有戦車総数の三分の一を下らなかった。また、ハリコフ作戦では、独ソ戦史上初めてアメリカの機甲兵器が使用されることとなった。作戦の途中からは、アメリカの中戦車M3「リー」戦車（ソ連における呼称はM3中戦車である）で武装した部隊が到着した。他の車両は国産のKV重戦車、T-34/76中戦車、T-26、BT快速戦車、T-60といった軽戦車であった。

ソ連軍戦車兵力の主力（出撃準備の整った925両のうち560両）は、南西方面軍突撃部隊の攻勢地帯における歩兵の直接支援のために第1梯団として抽出された──第21軍は第10戦車旅団と第8独立戦車大隊（戦車48両）で増強され、第28軍は第84、第90、第57、第6親衛戦車旅団（戦車181両）を受領、第38軍は第22戦車軍団配下の戦車旅団（戦車105両及び装甲自動車20両）の増援を受けた。

9、10：前線に到着するイギリス製の歩兵戦車Mk.Ⅱマチルダ。1942年4月、南西方面軍。（CMAF）
付記：マチルダは歩兵戦車であり機動力は貧弱だったが、重装甲で有名だった。フランスでも北アフリカでもドイツ軍は手を焼き、8.8cm砲の水平射撃でしとめることがしばしばだった。

[注5] まだ参戦していなかったアメリカが、連合軍側に武器を供給するために作られたアメリカ国内法で、ドイツがソ連に攻め込んだことで、ソ連の援助にも適用された。（監修者）

9

10

第22戦車軍団の編制（1942年5月9日）

戦車旅団	戦車台数	車種
第36戦車旅団	50	マチルダー12両、ヴァレンタインー20両、T-60－18両
第133戦車旅団	23	T-34－12両、BT－11両
第13戦車旅団	32	マチルダ・ヴァレンタインー12両、BT－14両、T-26－6両

　攻勢北部地区には全部で354両の戦車が集結した。ソ連第6軍は第38、第48、第37、第5親衛戦車旅団で、ボープキン戦闘集団は第7戦車旅団で強化された。

　突破地区南部には、歩兵を直接支援するマチルダ戦車とヴァレンタイン戦車を基幹とする戦車206両が集中した。

第5親衛戦車旅団の編制（1942年4月25日）

戦車旅団	戦車台数	車種
第5親衛戦車旅団	13	T-34－5両、T-60－8両（全車両は損耗し、スターリングラードトラクター工場からの新車補給が待たれていた）

　戦車旅団6個と自動車化狙撃兵旅団2個（戦車296両）を保有する第21及び第23戦車軍団は、突撃戦区南部において作戦機動予備として用いられることになっていた。

11：あるウクライナの農村に偽装配置されたBT-7快速戦車（右）とT-60軽戦車（左）。1942年5月、南西方面軍。
（RGAKFD）
付記：BT-7は1935年～1939年に生産された装輪装軌式戦車で、45mm戦車砲を装備、2,596両が生産された。T-60はT-40に代わる偵察用軽戦車で、水陸両用性が廃されているのが特徴だった。20mm機関砲を装備。1941年終わりから1943年までに5,915両が生産された。

ハリコフ作戦開始直前の
独ソ両軍の兵力と計画
（1942年5月11日現在の作戦状況）

部隊名などの用例は
135ページ

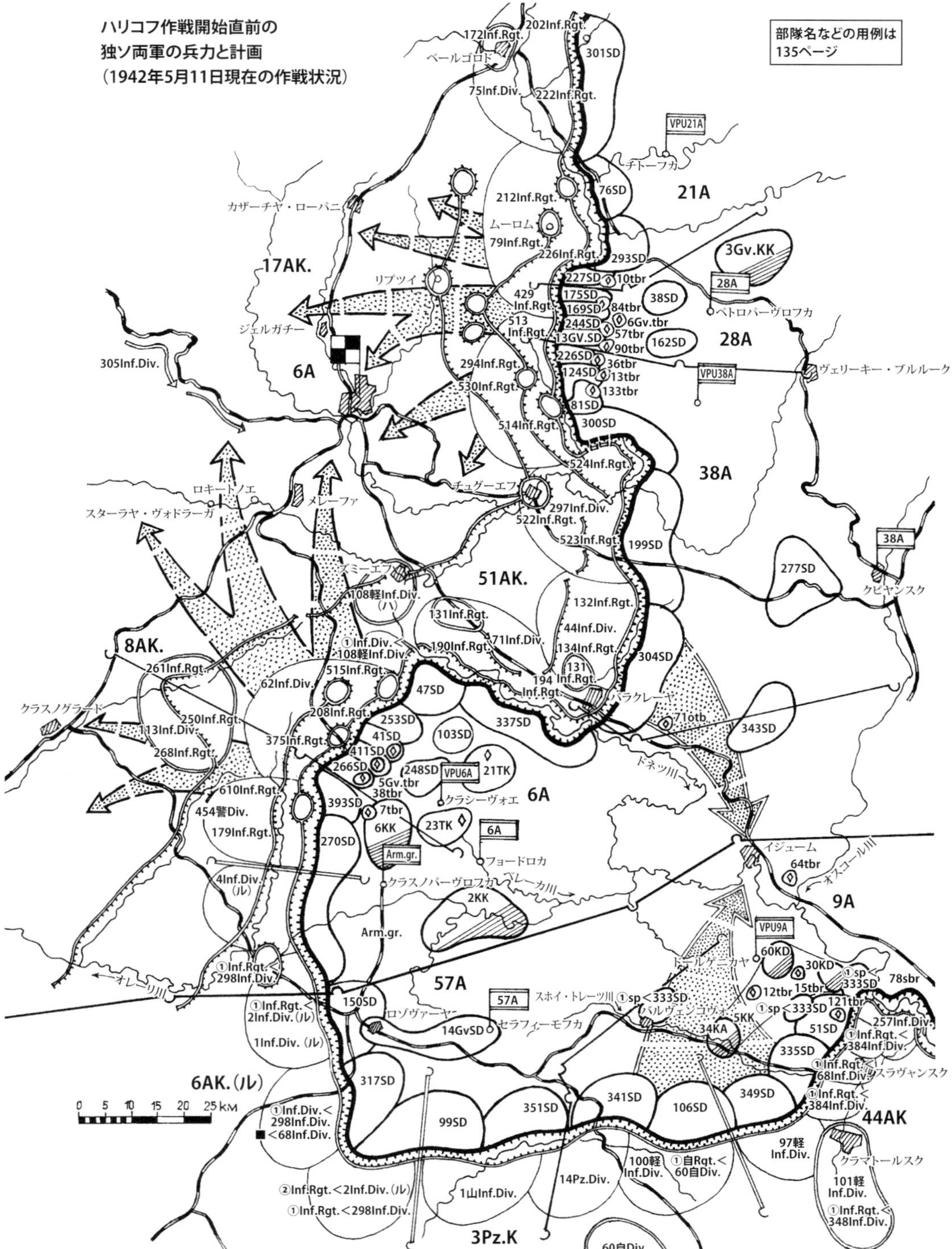

ソ連南方面軍戦車部隊はその兵力の大部分を南西方面軍に移譲し、作戦全体の計画に沿って局地的な防御戦を展開しなければならなかった。予備の第24戦車軍団を除いて、南方面軍の配下には第12、第15、第121戦車旅団があった。

第15戦車旅団の編制（1942年5月7日）

戦車旅団	戦車台数	車種
第15戦車旅団	16	KV－1両、T-34－5両、T-60－10両

　第15戦車旅団はすでに1942年5月7日には、南方面軍の形勢を改善すべく、マヤキー地区で個別作戦を実施した。第121戦車旅団は1942年5月13日に、第12戦車旅団は5月17日にそれぞれ戦闘を開始した。

第12及び第121戦車旅団の編制（1942年5月13日）

戦車旅団	戦車台数	車種
第12戦車旅団	10	KV－2両、T-34－8両
第121戦車旅団	32	KV－2両、T-34－8両、T-60－20両、III号戦車－2両

　南方面軍にはすでに戦闘が始まってから、南西方面軍から第64戦車旅団が、また南西部戦線司令部予備からは第3及び第114戦車旅団と第92独立戦車大隊が到着し、編入された。
　作戦想定地区のドイツ軍機甲兵力は、ハリコフ地区に集結していた第3及び第23戦車師団であった。まさにこのふたつの師団こそが、攻撃してくるソ連南西方面軍部隊との戦闘におけるドイツ側の突撃部隊となった。第23戦車師団は1941年秋にフランスで編成され、1942年4月〜5月に陸軍総司令部予備としてハリコフ地区に送られてきたのだった。その第201戦車連隊は、II号戦車（Pz.kpfw.II）34両、III号戦車（Pz.kpfw.III）123両、IV号戦車（Pz.kpfw.IV）32両、指揮戦車（Pz.Bf.Wg）3両の合計181両（原文ママ：192両？）の戦車を擁していた。III号戦車の大半は、5cmKw.k.L/60長砲身砲で武装していた。IV号戦車32両のうち12両は、口径7.5cmKw.k.L/43の砲を搭載した新型IV号戦車F2型（Pz.kpfw.IV Ausf F2）で、ソ連軍の攻勢が始まる前日に到着したばかりであった。
　第3戦車師団のツィーアーフォーゲル（Ziervogel）戦車集団（第6戦車連隊第3戦車大隊）は、1942年5月5日の時点で45両の戦車を保有し、その内訳はII号戦車5両、5cmKw.k.L/42砲搭載のIII号戦車25両、5cmKw.k.L/60砲搭載型III号戦車9両、それに7.5cmKw.k.L/24短砲身砲搭載型IV号戦車6両であった。
　ソ連軍の攻勢発起とともに、両師団はいわゆる「ブライト集団」

12：第5親衛戦車旅団の戦車兵たちが搭乗車両に偽装を施している。1942年4月、南西方面軍。（ASKM）
付記：偽装の下の車体はT-34のようだ

に配属され、一緒に行動した。

　ドイツ第6軍第8軍団防御地帯では、作戦開始時に約30両のⅢ号突撃砲（Stu.G.Ⅲ）を保有していた第194突撃砲大隊が活動していた。この大隊は第62歩兵師団に配属された。

　ソ連南方面軍第9及び第57軍の地帯には、ドイツ第14及び第16戦車師団が配置され、さらに第160独立戦車大隊を配下に有する第60自動車化師団が待機していた。冬季の戦闘で大きな損害を出したこれらの部隊は、ソ連側の攻勢が始まるまでに新たな兵器の補充が間に合わなかったため、全部で166両の戦車しか持ち合わせておらず、そのうち97両の戦車（Ⅱ号戦車29両、Ⅲ号戦車46両、Ⅳ号戦車22両）は第16戦車師団にあった。

　こうして、約1,100両の戦車を保有するソ連南西部戦線戦車部隊に対して、ドイツ軍は約430両の戦車と自走砲で武装した2個の攻撃部隊で対峙していたのである。ソ連軍の攻勢地帯（第6軍、ボープキン戦闘集団）における赤軍機甲兵力の優勢は圧倒的（ドイツ軍1に対して、赤軍12の比率）であった。

　5月11日中にソ連南西方面軍は出撃態勢をほぼ整えた。方面軍兵力はこのときまでに狙撃兵師団29個、騎兵師団9個、自動車化狙撃兵師団1個、自動車化狙撃兵旅団4個、戦車旅団19個、独立戦車大隊4個を数えた（戦車925両）。

　ソ連第21軍は右翼と中央部で第8自動車化狙撃兵師団と第297狙

13：軍旗を拝領する南方面軍第21戦車軍団第130戦車旅団の戦車兵たち。T-34/76中戦車は緑と茶の二色迷彩を施され、砲塔と車体前面には赤星とЛ2-КСの文字が付けられている（Л-2の意味は不明、КСは軍団の露語略記：著者注）。すべての戦車にはそれぞれ名前が付けられていた、（手前2番目から奥へ順に）「シチョールス」、「キクヴィッゼ」（ロシア革命国内戦の英雄：著者注）、「ジェレズニャコーフ」。1942年4月。（CMAF）

付記：T-34はBT戦車に代わるものとして構想されたが、単なる改良型でなく、まったく新世代に属する攻撃力、防御力、機動力を有する中戦車となった。1940年〜1944年に3万3,805両が生産された。写真の車体は初期の「1941年型」と呼ばれるものである（日本国内におけるT-34の型式分類では、写真の車体をかつては「1942年型」と称していたが、近年は上記のように「1941年型」と呼ぶようになってきている。ただし、当時のソ連軍では、このような年式による分類はいっさい行われていなかった）。

14：ドイツのダイムラー・ベンツ社製の自動車G3aがドネツ川を渡っている。1942年5月、ハリコフ地区。（ドイツ国立公文書館、以下ブンデスアルヒーフの略BAと表記）
付記：2.5tの統制型ディーゼルトラックのようだがはっきりしない。

15：コムソモール（共産青年同盟：訳注）に採用される戦車兵、パーヴェル・シートキン。彼はコムソモール員の名誉ある称号にふさわしく行動し、完全なる勝利の日まで敵と戦い続けることを誓っている。後方には、第133戦車旅団のBT-5快速戦車が見える。1942年4月、南西方面軍。（RGAKFD）

撃兵師団、第301狙撃兵師団1個連隊の兵力で防衛戦を継続しながら、敵防衛線突破のために第76、第293、第227狙撃兵師団を集結し、それらを第10戦車旅団で増強した。軍の予備には、第301狙撃兵師団2個連隊のほかに、第8独立戦車大隊を受領した第1自動車化狙撃兵旅団が控えていた。

第28軍は、第84、第57、第90戦車旅団で強化された第175、第169、第244、第13親衛狙撃兵師団とほぼすべての砲兵部隊を第1梯団として展開させた。第2梯団には第38、第162狙撃兵師団と第6親衛戦車旅団が準備を整えていた。第5、第6親衛、第32騎兵師団と第34自動車化狙撃兵旅団を擁する第3親衛騎兵軍団は、軍の機動戦力の役割を担った。

第38軍は中央部と左翼で第199及び第304狙撃兵師団の兵力をもって防戦しながら、突破地区に狙撃兵師団3個（第226、第124、第300）と第81狙撃兵師団1個連隊を展開させ、さらにそれを第36及び第13戦車旅団と軍砲兵隊のほぼすべてを用いて強化した。軍の予備としては、第81狙撃兵師団2個連隊と第133戦車旅団が待機していた。

第6軍は2個師団（第47及び第337）を使って、ドネツ川沿いの自らの右翼を防衛していた。主力の6個狙撃兵師団とそれに付与された4個戦車旅団は突破地区に集結された。ここで第1梯団に展開したのは第253、第41、第411、第266狙撃兵師団であり、第5親衛、第38、第48戦車旅団と軍砲兵全部隊によって強化されていた。第2梯団に控えていたのは、第103、第248狙撃兵師団と第37戦車旅

団である。第6軍の後方には、第21及び第23戦車軍団（戦車269両）が攻勢拡大のために集結していた。

ボープキン戦闘集団の突破地区には第1梯団に第393狙撃兵師団と第270狙撃兵師団1個連隊が集結していた。第270狙撃兵師団の残り2個連隊は左翼の防御を固めた。戦闘集団の第2梯団には、第6騎兵軍団と第7戦車旅団が攻勢拡大を狙って待機していた。

ソ連南西部戦線総司令官は、第277、第343狙撃兵師団と第2騎兵軍団、独立戦車大隊3個を予備に持っていた。

バルヴェンコヴォ橋頭堡での方面軍間の作戦地境が変更され、南西方面軍司令官の指揮下に南西部戦線総司令部予備の支援砲兵部隊と南方面軍予備のかなりの部分が転属されたことに伴い、1942年4月に南方面軍は南西部戦線総司令官の指示に従って部隊の再編成を実施した。

1942年5月7日、ソ連南方面軍は第9軍部隊の形勢を改善し、その後のスラヴャンスク市奪回戦に有利な状況を創出すべく、マヤキー地区において局地作戦を開始した。これに伴い、方面軍司令官予備と第9軍部隊は、5月11日は攻勢戦闘に適した戦術隊形をとってはいたが、バルヴェンコヴォ橋頭堡の強固な防衛を保障はできなかった。

第150、第317、第99、第351、第14親衛狙撃兵師団からなるソ連第57軍は、第2梯団に第14親衛師団を置いて、80kmに及ぶ前線で防御戦闘を繰り広げていた。第57軍は3個砲兵連隊で強化され、

16：ドイツのIV号戦車F1型が待ち伏せ待機している。この車両は白灰色の迷彩が施されている。1942年5月。（BA）
付記：IV号戦車F1型は1941年4月から1942年3月に462両が生産された。最後の7.5cm短砲身砲装備の生産型である。

1942年5月12日22時現在の南西方面軍戦車数集計

部隊名	KV-1	T-34	BT	T-26	T-60	T-40	T-37/38	マチルダ	ヴァレンタイン	捕獲	計
第478独立戦車大隊	—	—	1	9	—	—	12	—	—	—	22
第10戦車旅団	5	4	7	8	16	—	—	—	—	—	40
第6親衛戦車旅団	3	14	7	2	12	—	—	—	—	2	40
第84戦車旅団	10	20	—	—	16	—	—	—	—	—	46
第6戦車旅団	10	20	—	—	16	—	—	—	—	—	46
第90戦車旅団	10	20	—	—	16	—	—	—	—	—	46
第22戦車軍団											
・第36戦車旅団	—	—	—	—	12	—	—	8	19	—	39
・第133戦車旅団	—	21	20	—	—	—	—	—	—	—	41
・第13戦車旅団	—	—	17	9	—	—	—	—	19	—	45
第5親衛戦車旅団	1	18	—	—	18	—	—	—	—	1	38
第38戦車旅団	—	—	—	—	14	—	—	30	—	—	44
第37戦車旅団	—	—	—	—	15	—	—	27	—	—	42
第48戦車旅団	10	16	—	—	16	—	—	—	—	—	42
第98独立戦車大隊	3	—	—	—	12	—	—	—	20	—	45
第7戦車旅団	7	5	10	1	17	—	—	—	—	—	40
第21戦車軍団											
・第64戦車旅団	—	—	—	—	16	—	—	—	10	20	46
・第198戦車旅団	10	20	—	—	16	—	—	—	—	—	46
・第199戦車旅団	10	18	—	—	16	—	—	—	—	—	44
第23戦車軍団											
・第57戦車旅団	—	18	—	—	16	—	—	—	10	—	44
・第130戦車旅団	—	20	—	—	13	—	—	—	10	—	43
・第131戦車旅団	—	20	—	—	16	—	—	—	10	—	46
第71独立戦車大隊	—	—	1	2	20	—	—	1	2	—	26
第132独立戦車大隊	—	—	2	1	20	—	—	1	—	—	24
計	79	234	65	32	313	1	12	106	90	3	935

　ソ連軍防衛線の平均戦術密度は、1個師団あたりの前線16km、前線1kmあたりの砲及び迫撃砲は4.6門であった。
　第341、第106、第349、第335、第51、第333狙撃兵師団と第78狙撃兵旅団、第121、第15戦車旅団、それに5個砲兵連隊を抱えるソ連第9軍は、正面96kmにわたる防衛陣地を占めた。その右翼には第51及び第333（1個連隊を除く）狙撃兵師団の部隊と第78狙撃兵旅団が第15及び第121戦車旅団により強化され、第12戦車旅団（方面軍司令官予備）を付与された第5騎兵軍団2個騎兵師団とともに、マヤキー地区奪取を目的として攻撃を行っていた。第9軍司令官予備には第333狙撃兵師団1個連隊が残されていた。第9軍地帯の戦術密度は、そこで活動していたすべての部隊を計算に入れると、1個師団あたりの前線は10kmとなり、前線1kmあたりの砲と迫撃砲は11～12門を数えた。
　ソ連南方面軍の残りの戦区である第37、第12、第18、第56軍の各防衛地帯において、部隊再編成の結果第1梯団に残されていたのは、狙撃兵師団13個と狙撃兵旅団1個であった。各軍司令官の予備として、第296、第176、第216狙撃兵師団と第3親衛狙撃兵軍団、

17：マクシム機関銃班。古参のP・マモーノフ親衛上級軍曹とその若い副手である赤軍兵I・キレーエフは、負傷して帰隊した。1942年5月、南西方面軍。（ASKM）
付記：ロシアのマクシム重機関銃は非常に重かった。本体重量23.8kgで、さらに銃架は45.2kgもあった。写真でも無骨な防盾や銃架の様子がわかる。

18：捕獲したBMW社製オートバイR12「ヒットラーに死を」号に乗った戦車偵察兵。1942年5月、南西方面軍。（ASKM）
付記：R12は排気量750cc、BMW R12 2気筒4ストロークガソリンエンジン搭載、最高速度100km/h（サイドカー付きで85km/h）、航続距離280km（サイドカー付きで230km）であった。

19：頭髪を刈ってもらっているM・スヴィーリン政治委員。1942年5月、南西方面軍。（ASKM）

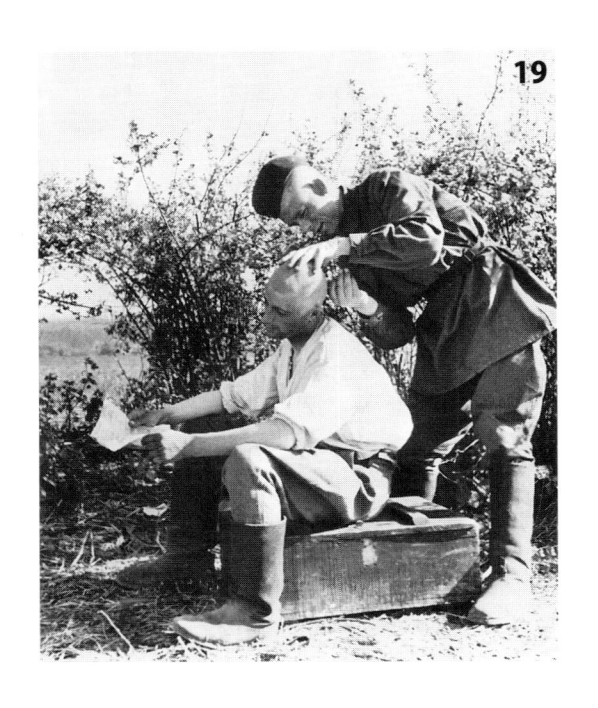

第63戦車旅団がそれぞれ抽出された。
　南方面軍司令官の手元には、第24戦車軍団と第5騎兵軍団（第60、第34、第30騎兵師団、第12戦車旅団）、第347、第255、第15親衛狙撃兵師団、さらに最高総司令部から受領した第102、第73、第242、第282狙撃兵師団が予備として置かれていた。
　ソ連軍最高総司令部令第13986号により、これらの予備兵力の使用は、第24戦車軍団と第5騎兵軍団を除き、最高総司令部の許可が必要とされた。第102及び第6狙撃兵旅団は南西部戦線総司令官の予備に入った。
　バルヴェンコヴォ橋頭堡の南面を占めるソ連第57及び第9軍の前線全域の防衛態勢は、各集落周辺に数個ずつの堡塁からなる防御拠点を連携配置させる形で整備されていった。各師団の戦闘隊形は梯形配置ではなく、師団や軍の中に第2梯団や予備は欠如していた。それゆえ、防御縦深は3〜4kmを越えなかった。その上、1カ月半もの間防御態勢にありながら、防御施設や工兵障害物の設置作業は満足できる状態になかったのである。
　両軍の前線正面全180kmのうち有刺鉄線が設置されたのはわずか11kmに過ぎなかった。こうして、南方面軍第57及び第9軍の防衛態勢も各戦区の工兵施設も、バルヴェンコヴォ橋頭堡南面の守りを固めることはできなかった。
　ソ連南西方面軍と南方面軍に対峙していたドイツ軍部隊の兵力に

関しては、5月初めの時点の情報に基づいて両方面軍参謀部と南西部戦線作戦本部が評価を行っていた。南西方面軍参謀部は、方面軍の前で活動を続けているのはドイツ第6軍であり、それは歩兵師団12個と戦車師団1個からなり、さらに中砲連隊10個と重砲連隊2個で強化されている、と推察していた。すなわち、南西方面軍部隊は約105個歩兵大隊の抵抗を受け、口径75～210㎜の砲600～700門と戦車350～400両が待ち構えている、と参謀部は試算した。

　ソ連南方面軍参謀部の敵情認識もまた、5月に入る頃の形勢に基づいていた。南方面軍の前方にある敵の第一線には歩兵師団24個と戦車師団3個、自動車化師団2個が200両の戦車を装備し、活動していると考えられていた。また、ドイツ軍は作戦予備として歩兵師団6～7個、戦車師団1個、自動車化師団1個（戦車250～300両）を保有している可能性があると想定され、しかもドイツ軍部隊の主力はロストフ方面とヴォロシロフグラード方面にあると参謀部は確信していた。つまり、南方面軍の前方には、歩兵師団31個と戦車師団4個、自動車化師団3個からなるドイツ軍部隊が400両の戦車をもって展開している、と方面軍参謀部は評価していたのである。

　ところが、5月11日時点では、ソ連両方面軍参謀部のこれらの推論はすでに実情から乖離（かいり）していた。突破予定地区への部隊集結にあたり、両方面軍参謀部が統帥の機密性を遵守せず、作戦偽装工作も拙劣であったため、ドイツ軍司令部はソ連側の企図を見破り、早急に危険性の高い方面の防衛強化措置を講じたからだった。そのために、ドイツ第6軍と第17軍の現有部隊と5月攻勢準備計画に基づいて到着する予備兵力が使用された。

　5月1日から11日にかけてドイツ軍が部隊再編成を行った結果、ソ連南西方面軍突撃部隊の戦区の主防御地帯と南方面軍第57及び第9軍の正面全域におけるドイツ軍の作戦密度は急激に高まり、作戦縦深には強力なドイツ軍予備部隊が配置された。

　実際のところ、5月11日にソ連南西方面軍に対峙していたのは、第17、第51、第8、第11軍団からなるドイツ第6軍に加え、第17軍の指揮下にあったルーマニア第6軍団第4歩兵師団であった。ドイツ第6軍の左翼には、第57、第168、第75歩兵師団を持つ第29軍団が防御を固めていた。

　ドイツ第17軍団は、配下の2個歩兵師団（第79及び第294）でマースロヴァ・プリースタニ～ペシチャーノエ地区を防衛していた。この地区でかつて活動していた第3戦車師団の部隊は作戦予備に移され、5月11日にはハリコフに集結していた。ドイツ第51軍団（第297及び第44歩兵師団）は、ペチェネーギ～バラクレーヤ～ビーシキン線上のチュグーエフ橋頭堡の防衛に主力を充てていた。

　クラスノグラード方面ではドイツ第8軍団が第62歩兵師団と第

20：弾薬を前線に運搬するZIS-5トラック縦隊（手前車両の番号はA-6-94-70）。1942年5月、南方面軍。（RGAKFD）
付記：ZIS-5は4×2の3tトラックで、73馬力のZISガソリンエンジンを搭載。1933年から生産が開始され、大戦全期間を通じて生産が続けられた。

454警備師団を率い、ソ連南西方面軍第6軍に対する防御態勢を整えた。第8軍団の左翼は、ハンガリー第108軽歩兵師団が援護していた。ドイツ第113歩兵師団は、ドイツ第6軍司令官の作戦予備に移された。ルーマニア第6軍団（ルーマニア第4及び第20歩兵師団）の部隊は、ロゾヴァーヤ駅地区の補助的な防衛戦区を守った。

5月11日までにハリコフでは、ドイツ第3及び第23戦車師団、それに第71歩兵師団の全部隊が集結を完了した。第71歩兵師団のうち、第211連隊は第294歩兵師団に加勢部隊として送られ、さらに2個連隊がバラクレーヤ地区に向けられた。

ハリコフへの近接路には、西ヨーロッパから派遣されてきたドイツ第305歩兵師団の先頭部隊がいた。こうして、ソ連南西方面軍の前途には、参謀部が推定した歩兵師団12個と戦車師団1個ではなく、5月11日までに15個に上る歩兵師団と2個戦車師団が集結していたのである。これらのドイツ軍17個師団はすべて、ソ連軍の攻勢開始後3〜4日の間に戦闘に投入することが可能であった。

ソ連南方面軍の前方では、ドイツ軍部隊はさらに6個師団で増強された。南方面軍右翼に対峙していたこれらすべての部隊は5月12日までに、「クライスト集団」（第1戦車軍司令官クライスト将軍の姓を取って命名）に統合された第17及び第1戦車軍に編入され、次の位置についた。

オシペンコからタガンローグに至るアゾフ海北岸の護衛はルーマニア第5及び第6騎兵師団が担当していた。タガンローグ潟からデバーリツェヴォまでのミウース川西岸にはドイツ第14戦車軍団と第49山岳歩兵軍団が防御を固め、第73、第125、第198歩兵師団と第4山岳歩兵師団、SS「アドルフ・ヒットラー」及びSS「ヴィー

キング」の両自動車化師団、第13戦車師団、スロヴァキア自動車化師団1個、そして3個師団編制のイタリア軍団が展開していた。第111及び第9歩兵師団からなるドイツ第52軍団と第94及び第76歩兵師団からなるドイツ第4軍団は、デバーリツェヴォ～ボンダリーの線を守っていた。ボンダリー～マヤキー～ヴァルヴァーロフカの地区ではドイツ第295及び第257歩兵師団と第97軽歩兵師団、第44軍団第68歩兵師団1個連隊が防御についていた。ヴァルヴァーロフカ～アレクサンドロフカ～ヴィシニョーヴィの線上にはドイツ第100軽歩兵師団と第60自動車化師団、第3戦車軍団の第14戦車師団及び第1山岳狙撃兵師団が配置されていた。さらに、ソ連南方面軍と南西方面軍の連接部前方にはルーマニア第6軍団の部隊が防御を構えており、配下のルーマニア第1、第2、第4歩兵師団のほかに、ドイツ第68及び第298歩兵師団の増援部隊がいた。これらのうち、1個師団（第4）と第298師団の1個連隊はソ連南西方面軍の地帯に位置していた。

　バルヴェンコヴォ橋頭堡南面の手前には、ドイツ軍は1942年5月12日までに第389及び第284歩兵師団と第101軽歩兵師団、ルーマニア第20歩兵師団、第16戦車師団を集結させた。第389歩兵師団1個連隊をもって第52軍団が補強され、第384歩兵師団の2個連隊は第44軍団戦区に派遣された。

　ソ連南方面軍の前方に実際に展開したドイツ軍部隊は、全部で34個師団（歩兵－24個、戦車－3個、自動車化－5個、騎兵－2個）であった。

　ソ連南西部戦線総司令官は一連の措置をとり、南西方面軍部隊を次のような攻勢をとるべき隊形に整えた。

　正面55kmの前線で攻撃を発起するソ連北部突撃集団は、狙撃兵師団14個と騎兵師団3個、戦車旅団8個、自動車化師団1個から編成されていた。

　36kmの前線を担当する南部突撃集団は、狙撃兵師団8個と騎兵師団3個、戦車旅団11個、自動車化狙撃兵旅団2個を含んでいた。

　ソ連軍攻勢地区に対峙していたドイツ軍の兵力からすれば、ソ連突撃集団は自らの課題を遂行することは十分に可能だった。

1942年5月13日22時現在の南西方面軍戦車数集計

部隊名	KV-1	T-34	BT	T-26	T-60	T-40	T-37/38	マチルダ	ヴァレンタイン	捕獲	計
第10戦車旅団	4	4	8	8	16	—	—	—	—	—	40
第478独立戦車大隊	1942年5月12日より変化なし										
第6親衛戦車旅団	3	15	7	2	12	—	—	—	—	2	41
第6戦車旅団	8	14	16	—	—	—	—	—	—	—	38
第84戦車旅団	9	18	—	—	8	—	—	—	—	—	35
第22戦車軍団											
・第36戦車旅団	—	—	—	—	10	—	—	—	13	—	29
・第133戦車旅団	—	17	20	—	—	—	—	—	—	—	37
・第13戦車旅団	—	—	16	8	—	—	—	16	—	—	40
第48戦車旅団	7	12	—	—	16	—	—	—	—	—	35
第38戦車旅団	—	—	—	—	12	—	—	20	—	—	32
第7及び第5親衛戦車旅団	データが方面軍参謀部に未着										
第24戦車軍団	5月12日より変化なし										
第21戦車軍団	5月12日より変化なし										

北部突撃集団の攻勢（5月12日～14日）
НАСТУПЛЕНИЕ СЕВЕРНОЙ УДАРНОЙ ГРУППИРОВКИ 12-14 МАЯ

　ソ連南西方面軍北部突撃集団の攻勢は、1942年5月12日6時30分に60分間の準備砲撃で始まった。準備砲撃の終わりには、ドイツ軍主防御地帯の砲陣地と防御拠点に対して15～20分間の空襲が実施された。

　7時30分、歩兵と歩兵直接支援戦車は攻撃を開始した。第21、第28、第38軍の第1梯団歩兵部隊は、5月12日午前中に1～3kmほど前進したところで、ドイツ軍の未制圧火点から猛射撃を受け、作戦予備部隊の反撃に襲われた。敵防衛線突破が最も有力視されていたのは、歩兵直接支援戦車が大量に投入された第28軍の攻勢地帯であった。しかし、第28軍は最小限の成果しか上げられなかった。攻勢初日の戦闘では、第28軍攻勢地帯のドイツ軍の作戦密度が高かったことが判明した。

　かなりの前進を果たしたのは、ソ連第21及び第38軍の部隊であった。5月12日の未明、第21軍第76狙撃兵師団の配下部隊はドネツ川西岸に小さな橋頭堡をいくつか獲得した。これらの橋頭堡から5月12日の朝、ソ連第76師団は主力部隊が互いに合流するように攻撃を発起した。この日の終わりまでに師団配下部隊は合流し、幅5km、縦深4kmに及ぶひとまとまりの橋頭堡を築いた。

　ソ連第21軍第293及び第227狙撃兵師団は敵防御線を首尾よく突破し、攻勢を拡大しつつ、その日の終わりには集落をいくつか獲得し、北に20km、北西に6～8kmの前進を果たした。しかし、この日

28

21〜23：ハリコフ奪回作戦開始直前の集会に整列した南方面軍第121戦車旅団の戦車兵たち。旅団の識別章は砲塔右側面のみにある。写真23手前のKV重戦車の前部には、「ドイツの占領者どもに死を」と書かれている。1942年5月。（RGAKFD）

付記：KV-1はT-35に代わる突破用の重戦車で、1939年から生産が開始された。写真は初期の生産型の1940年型である。写真21、22の手前は軽戦車のT-60。たった2人乗りで20mm機関砲しか装備していないため、性能不足で次第に第一線装備から外された。各写真奥のT-34は砲塔長の短いL11 76.2mm砲を搭載した「1940年型」のようだ。これらの写真は戦車の大きさの良い対比になっている。

　のうちに第76狙撃兵師団と第293狙撃兵師団の部隊が共通の橋頭堡を築くまでには至らなかった。
　ソ連第28軍の部隊は激戦の末に、バイラーク、クピエヴァーハ、ドラグノーフカというドイツ軍の強力な防御拠点を落とし、ヴァルヴァーロフカのドイツ軍守備隊を包囲した。しかし、ドイツ軍防衛地帯のさらに奥深くに前進しようとした試みは阻まれた。この日の戦闘で、第90戦車旅団の戦車で強化された第13親衛狙撃兵師団はペレモーガからドイツ軍部隊を駆逐した。
　ソ連第38軍の攻勢地帯では第226狙撃兵師団が最も優れた活躍を示した。第36戦車旅団の増援を受けた第226師団はドイツ軍の戦術防御縦深を突破し、ドイツ第294歩兵師団と第71歩兵師団第211連隊の壊走部隊を追撃し、短時間のうちにニェポクルイタヤの敵の堡塁を押さえた。師団の前進距離は10kmで、この成功は隣接する第124狙撃兵師団の攻勢拡大に活かされた。第124師団は第13戦車旅団と協同で北と東からペシチャーノエの防御陣地を攻め、そこからドイツ軍を追い出した。この第13戦車旅団は、ソ連第22戦車軍団のほかの2個旅団（第36及び第133）と同様、第38軍軍事会議1942年5月9日付第00105号に従い、歩兵支援のために狙撃兵部隊に付与されたものであった。第22戦車軍団自体は、ひとまとまりの部隊としては使用されなかった。しかし、戦車の使用はソ連第81狙撃兵師団をして、1日中続いた激戦の末にボリシャーヤ・バープカ村の奪取を可能ならしめた。

こうして、北部突破攻勢初日にソ連第28軍と第21、第38軍の配下部隊は攻勢地帯中央部において2〜4km、翼部では6〜10kmの前進を果たした。

この日の戦闘では、第36戦車旅団は各種戦闘車両を計16両、第133戦車旅団はBT快速戦車2両を失った。他方、ドイツ軍の砲24門を破壊し、将兵780名を戦死させた。

ドイツ第6軍司令部は、ソ連南西方面軍の攻勢開始直後から第1次（主）防衛線の堅持におもな努力を注ぎ、師団予備兵力を反撃に使用した。軍団予備部隊は後方4〜8kmの地点に集結させ、反撃とハリコフ近郊防衛の態勢を整えさせていた。というのも、ドイツ軍は北の作戦軸を最も危険な方向と判断していたからである。

ソ連軍の攻撃を押し止めるに十分な兵力を持たなかったドイツ第294及び第79歩兵師団の前線は突破され、ドイツ軍部隊は困難な状況に追い込まれた。ドイツ第6軍司令部はソ連攻勢部隊に対抗すべく、隣接軍団の予備兵力を派遣し、軍予備部隊も投入せざるをえなくなった。ソ連第38軍が突破した戦区には、戦闘開始時点でドイツ第51軍団予備の第297歩兵師団第522連隊が投入されていた。その上、この日のうちに第3及び第23戦車師団の部隊がハリコフから送り込まれ始めたのだった。チュグーエフ守備隊からは、最も危険性の高い方面にドイツ第51軍団第44歩兵師団の1個連隊と第71歩兵師団の1個連隊が派遣された。

北部突撃集団の攻勢初日の結果は、ソ連南西方面軍司令官と参謀部に、これから後の攻勢も、採用された計画にしたがって進展していくだろうとの確信を抱かせた。主攻撃軸に沿って進撃している部隊がより徹底した戦闘行動をとることによって、ドイツ軍の抵抗は翌朝にも打ち砕かれるものと予測された。ドイツ軍1個戦車師団がザロージノエ地区に現れ、また別の1個戦車師団がプリヴォーリエ地区に姿を見せたことは、ソ連南西方面軍の主攻勢軸に関する対敵情報攪乱工作が成功したからだと評価された。

予想されるドイツ戦車部隊の反撃をかわすため、ソ連第38軍司令官に対しては第22戦車軍団の第36、第13、第133戦車旅団を戦闘から外し、5月13日朝までに第38軍攻撃部隊の左翼後方に集結させるよう、命令が発せられた。この方面には工兵設備を用いた対戦車防御を組織する措置がまったくとられていなかった。

ソ連第28軍第2梯団の全部隊は5月12日の間にドネツ川東岸に集結され、第162狙撃兵師団は13日の深夜未明にこの川の西岸への渡河を始めた。

ドイツ空軍はこの日は特に積極的な活動は見せなかった。5〜7機編隊で友軍を掩護し、偵察と砲兵の照準補正を行っただけである。5月12日にソ連南西方面軍上空の敵機通過は21件しか確認されて

31

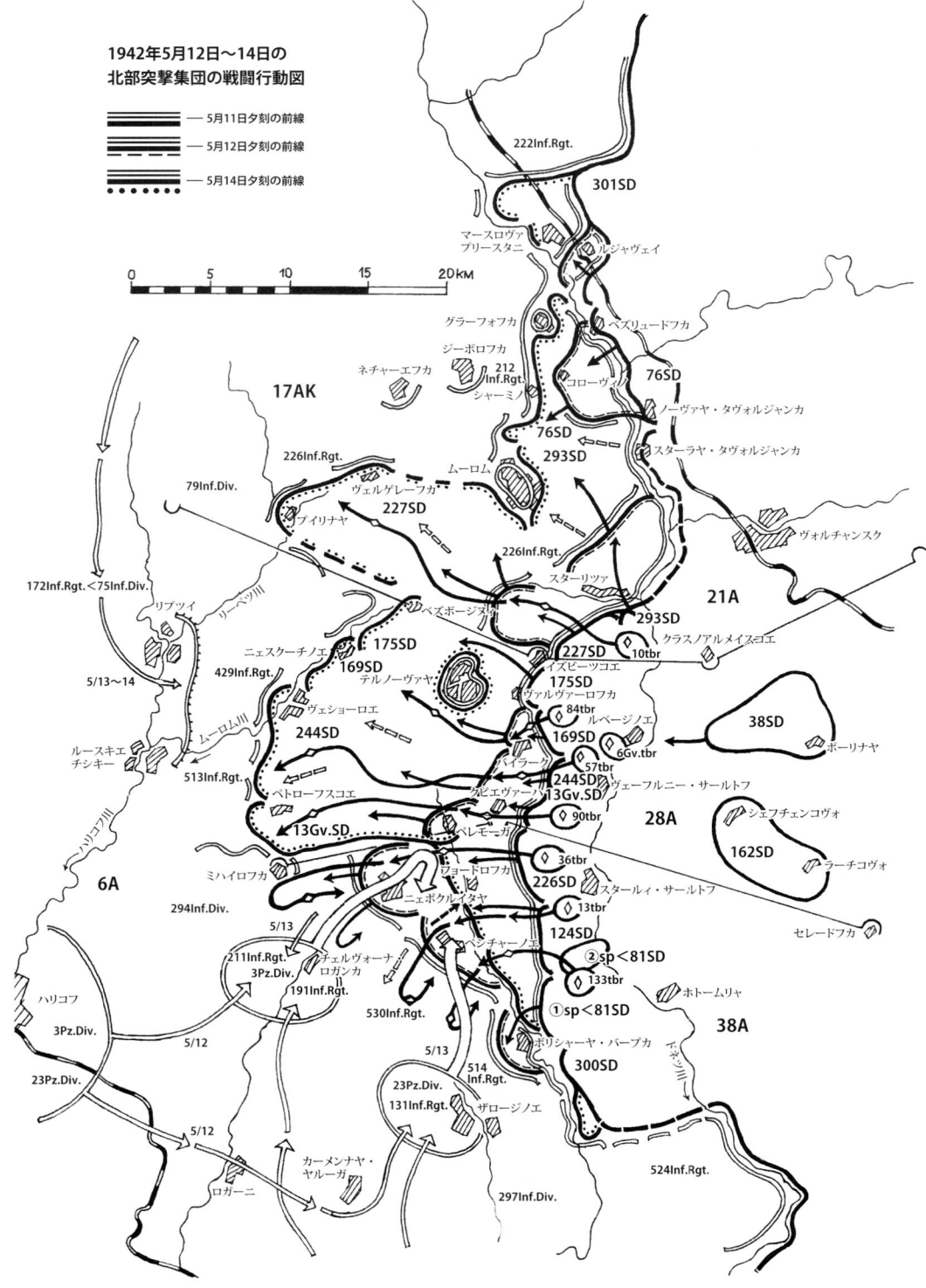

24：ルフトヴァッフェ（ドイツ空軍）高射砲大隊の8t牽引車Sd.kfz.7が8.8㎝高射砲Flak36を牽引している。1942年4月、南西方面軍。（BA）

付記：8.8㎝高射砲は対空射撃だけでなく水平射撃も可能な両用砲で、特に対戦車戦闘で勇名をはせた。8tハーフトラックは、1934年から戦争全期間を通じて約8,000両が生産され、8.8㎝高射砲や15㎝重砲の牽引に使用された。

おらず、それに対して方面軍航空隊は660回の戦闘出撃を行った。

5月13日の夜明けにソ軍は、制空権を握っていた航空隊の強力な支援のもと、前日からの作戦軸に沿って攻勢を再開した。

ソ連第21軍の攻勢地帯では第76及び第293狙撃兵師団の全部隊がドネツ川西岸に共通の橋頭堡を築き上げた。しかし、敵防衛陣地帯のさらに奥へ攻勢を拡大しようとした際、グラーフォフカとムーロムの両地区でドイツ軍の頑強な抵抗に遭い、終日戦い続けたものの、これらの集落を獲得することはできなかった。

第21軍攻勢地帯で最も大きな成果を上げたのは、左翼にいた第227狙撃兵師団であった。この師団の配下部隊は、ムーロムを南から迂回し、12km前進した。

ソ連第28軍の右翼では、5月13日の朝にヴァルヴァーロフカのドイツ軍部隊が壊滅した。しかし、ドイツ軍はテルノーヴァヤを頑強に守り続けた。

ソ連軍司令官は、隣の第38軍の成功に乗じて、左翼部隊をもって南西方向に攻勢を拡大することを決めた。この目的に第244及び第13親衛狙撃兵師団の主力が投入され、それは第57及び第90戦車旅団と協同で攻勢をペトローフスコエ方向に拡大しながら、6km前進した。この日の終わりには、テルノーヴァヤで防戦を続けていたドイツ軍部隊は包囲されてしまった。

ソ連第38軍配下の部隊は5月13日の午前中は前線全域で首尾よい進撃を続け、13時までに右翼と中央部では6km前進し、第1ミハイロフカ、ノヴォ・アレクサンドロフカを掌中に収め、さらにチェ

25：戦闘位置についた半装軌式自走高射砲Sd.kfz.10/4。1942年5月、南西方面軍。（BA）
付記：デマーグD7 1tハーフトラックに2cm対空機関砲を搭載した車体で、610両が生産された。原型は無装甲であったが、一部は写真のように装甲板が装着された。

ルヴォーナ・ロガンカの獲得を目指した。

ところが、午後になってソ連第38軍の前線の状況が急激に変化した。ドイツ軍は何の妨害も受けずに2個の突撃部隊の集結を完了したのである。1個はプリヴォーリエ地区にあり、第3戦車師団の戦闘部隊と第71歩兵師団の2個連隊（第211及び第191）から編成され、もう1個は第23戦車師団と第44歩兵師団第131連隊からなり、ザロージノエ地区にいた。そして、ドイツ軍は5月13日13時にソ連第38軍攻勢部隊の翼部に反撃を発起した。

ソ連第22戦車軍団配下の全旅団は1942年5月13日はずっと、戦車130両以上を抱えるドイツ軍部隊との戦闘を繰り広げた。その結果、第13及び第133戦車旅団はすべての戦車（第13：マチルダ及びヴァレンタイン戦車12両、BT戦車14両、T-26戦車6両；第133：T-34戦車12両、BT戦車9両）を失ったが、旅団長たちの報告によれば、約65両のドイツ戦闘車両を撃破した。第36戦車旅団は戦車37両（マチルダ戦車6両、ヴァレンタイン戦車19両、T-60戦車12両）を失いつつも、敵戦車40両を破壊し、ニェポクルイタヤに後退した。この結果、5月17日までソ連第38軍戦車部隊は積極的な行動をとらず、兵器の補充を行っていた。

スタールィ・サールトフ方面での反撃と同時に、ドイツ軍司令部は第79及び第294歩兵師団の防衛地区強化の措置を講じた。この目的で、第75歩兵師団の前線から1個歩兵連隊が外され、5月13日と14日の夜を徹してリプツィ地区の軍後方線にまで車両輸送された。また、ヴェショーロエ地区守備隊も補強された。

26：攻勢作戦を目前に控え、訓練を受ける対戦車銃兵（デクチャリョーフ設計の14.5㎜対戦車銃PTRD）。1942年5月、南西方面軍。（ASKM）
付記：デクチャリョーフPTRDは、口径14.5㎜、全長1.227m、重量17.44kg、初速1,010m/sで装甲貫徹力は500mで25㎜であった。

　航空機の強力な支援の下に実施されたドイツ軍の反撃の結果、ソ連第38軍右翼部隊はボリシャーヤ・バープカ川東岸への後退を強いられたが、それは右隣の第28軍の翼部を露出させることにつながった。第38軍司令官の予備兵力はすべて、5月12日のうちにすでに使い果たされていた。
　ソ連南西方面軍司令官は戦況の変化をみて、第38軍司令官に対して防戦に移り、ボリシャーヤ・バープカ川東岸を固守し、スタールイ・サールトフに向かう方面を援護せよとの課題を与えた。この軍の補強のため、ソ連第28軍の第2梯団に含まれていた第162狙撃兵師団と第6親衛戦車旅団が第38軍司令官の指揮下に移された。両部隊が第38軍防御地帯に進発したのは5月14日の朝である。
　ソ連南西方面軍司令官は第28軍に対しては、いままでの地帯で攻勢を継続するよう命じた。この軍の第34自動車化狙撃兵旅団を除く第2梯団部隊はみな、5月14日の未明から朝のうちにドネツ川

27：攻勢を間近に控えた第5親衛戦車旅団。手前右側の人物は旅団長のミハイロフ少将、左側は旅団政治委員のカブルーストフ大隊政治将校。奥には車体番号10-12、10-13、10-14のT-34/76中戦車が並んでいる。1942年5月、南西方面軍。（ASKM）
付記：T-34はすべていわゆる「1941年型」だが、各々砲塔形状が微妙に異なることに注目。多数の工場で生産されたため、さまざまなタイプがあった。

右岸に渡河し、15時までに沿岸の森林とルベージノエ、クート、ヴェールフニー・サールトフの集落に展開した。

　ドイツ軍は5月14日の終日、ソ連第28及び第38軍の連接部で友軍の戦車部隊が先鞭をつけた成果を拡大させようと試み、主攻撃の矛先をニェポクルイタヤ地区からペレモーガに向けた。同時に、ペシチャーノエの北東では2個大隊規模のドイツ軍部隊がボリシャーヤ・バープカ川の渡河を開始した。

　ドイツ軍の行動は制空権を奪取した航空部隊に掩護され、ドイツ機はソ連第28及び第38軍の第2梯団集結地区やソ連軍の戦闘行動地区と後方を結ぶ渡河施設や道路に対して集中爆撃を行った。

　ハリコフ方面のドイツ軍航空部隊は、ドイツ南方軍集団を支援していた第4航空艦隊の大部分の航空機をもって増強された。ドイツ空軍との戦いのために、ソ連南西部戦線総司令官は5月14日から一時的に第6軍航空隊を北部突撃集団の支援に差し向けた。

　ソ連第28及び第38軍の両司令官が時宜を得た措置を講じたため、両軍連接部の形勢は強化された。それは、防御戦闘を成功させ、ドイツ軍はニェポクルイタヤを落としたものの、それから先に進むことはできなかった。第28軍はこれと同時に、それまで成果を上げていた地区での進撃速度が落ちてきた。

　ソ連第13親衛師団は作戦の過程で第28軍司令官の命令により、攻勢開始時点で有していた第90戦車旅団のほかに第57戦車旅団も増援兵力として受領し、一部の兵力をもって師団左翼の防御戦闘に移った。ソ連第28軍の他の部隊はドイツ軍のテルノーヴァヤ守備隊の攻囲を続けながら、5月14日の間に5〜6km前進し、ドイツ軍

28：N・フョードロフ機関銃兵が赤軍兵に捕獲機関銃MG34の射撃操作を教えている。1942年5月、南西方面軍。（ASKM）
付記：MG34はドイツ軍の標準的機関銃で、発射速度が速く軽重両用に使える画期的な汎用機関銃だった。

29：戦闘前の歩兵訓練。1942年5月、南西方面軍。（ASKM）
付記：奥の列左端から、50mm迫撃砲RM-39（中隊レベルで使用される小型迫撃砲）、そしてモシン・ナガン小銃が並ぶ（中にトカレフSVT自動小銃が混じっている）。手前の列は左端にSVT、その他はモシン・ナガンである。

30、31：BT-7快速戦車の支援を受けて攻撃中の南西方面軍歩兵。1942年5月。（ASKM）
付記：BT-7は円筒形砲塔の1935年型である。

30

31

37

32

32：帰隊後の偵察兵サモラーロフ（右から2人目）。1942年5月、南西方面軍。(ASKM)
付記：手にしているのは有名なロシア製PPSh41機関短銃である。

が後方兵力で矢継ぎばやに編成する一連の小規模な部隊を撃滅しつつ、この日の終わりには右翼部隊がムーロム川に到達した。こうして、5月14日に6〜8km進んだソ連第28軍は、ハリコフ川右岸に沿って走るドイツ軍後方線の近接路にまで迫ったのだった。

ソ軍の作戦計画によれば、赤軍歩兵がムーロム川に到達するとともに機動部隊（第3親衛騎兵軍団）と第38狙撃兵師団を突破攻撃に投入することになっていた。しかし、これらの部隊がテルノーヴァヤ北東に集結を完了したのは、ようやく5月15日未明のことであった。

ソ連第21軍攻勢地帯では、相変わらずドイツ軍がグラーフォフカとシャーミノ、ムーロムの防御拠点を固守すべく、あらゆる努力を傾注していた。第76及び第293狙撃兵師団の正面攻撃をもってこれらの拠点を押さえようとする試みはことごとく失敗に終わった。5月14日の終わりには、第21軍の部隊は司令官の命令にしたがって、ドイツ軍守備隊を孤立させ、攻勢を北西に拡大するため、これらの拠点を包囲し始めた。

この日最も大きな成果を上げたのは第227狙撃兵師団で、敵戦線を突破し、ドイツ防御部隊を壊滅させ、1日で6kmの前進を果たした。ソ連第21軍部隊はこの日の終わりには、ニージニー・オリシャーネツ〜グラーフォフカの東端、南端、西端〜シャーミノ東端〜ムーロム北端〜ヴェルゲーレフカ〜プイリナヤの線で戦闘を展開し、グラーフォフカ、シャーミノ、ムーロムのドイツ軍守備隊を包囲しよ

うとした。

　第38軍攻勢地帯の戦闘は、きわめて緊迫した状況の中で推移した。5月13日から14日にかけての夜半、第226狙撃兵師団の部隊は再び、ニェポクルイタヤからドイツ軍部隊を駆逐し、その勢いを第1ミハイロフカにまで伸ばそうと試みた。ドイツ軍はこの地区に第3戦車師団の主力を集結させ、ペシチャーノエ西方には第23戦車師団を配置し、5月14日10時にこれらの地区からペレモーガに向けて一斉攻撃を発起した。強力な航空支援を受けた戦車攻撃の結果、第226狙撃兵師団の配下部隊はニェポクルイタヤを放棄し、ボリシャーヤ・バープカ川に後退した。午後になって第38軍部隊は、スタールイ・サールトフとペレモーガへの突破を目指すドイツ軍の歩兵と戦車の絶え間ない反撃を撃退しつつ、ボリシャーヤ・バープカ川の東岸に後退し、そこで防御を固めた。ペシチャーノエ地区でのボリシャーヤ・バープカ川の渡河には、ドイツ軍は成功しなかった。

　これらの戦闘を総括して、フォン・ボック元帥はこう指摘している――「ヴォルチャンスク突出部に対する我が戦車攻撃は形勢の転換をもたらすには至らず、部隊再編成の後にしばらく好機を待つべきである」。

　5月12日～14日にかけての戦闘の結果、ソ連北部突撃集団の突破正面は全体で56kmに及んだ。中央部で活動していた部隊はドイツ軍防御陣地帯の奥へ20～25km前進した。

　中央部で攻勢に出たソ連軍部隊の大進撃は、ドイツ軍にとって困難な状況を創り出した。この方面に大きな予備兵力を持たないドイツ軍司令部は、戦闘があまり活発でない別の戦区から部隊を移動させて予備兵力を作ることを余儀なくされた。5月14日の日中にドイツ軍司令部は、ソ連第21軍の右翼で防戦にあたっていた第168歩兵師団の部隊を抽出してソ連軍突破地区に投入し始め、隣接の第57及び第75歩兵師団の防衛戦区を拡大した。

　しかし、前線付近の道路上をドイツ軍部隊が頻繁に移動しているのは、ソ連南西方面軍の偵察機に確認されていた。南西方面軍司令官は敵の再編成を妨害しようと、第21軍司令官に対してその右翼での戦闘活動を積極化させるよう命じた。しかし、この命令は実行されなかった。なぜならば、第21軍の右翼部隊は長大な前線で防御態勢に入っており、積極的な活動で敵を釘付けにできるような突撃部隊を編成する余裕がなかったのである。この目的で抽出された第301狙撃兵師団の部隊は戦況に何の変化ももたらさず、他方のドイツ軍司令部はこの戦区から割いた兵力をハリコフ東方に送り続けていた。

南部突撃集団の攻勢 (5月12日〜14日)
НАСТУПЛЕНИЕ ЮЖНОЙ УДАРНОЙ ГРУППИРОВКИ 12-14 МАЯ

33：第6親衛戦車旅団第2大隊のKV重戦車「ザ・ロージヌ」号（ザ・ロージヌは「祖国のために」あるいは「報国」の意味で、当時の戦車兵たちが好んでこの言葉を車体に描いた戦車は少なくない：訳注）。車長のチェルヴォーフ政治委員は部下の乗員とともにドイツ戦車9両を撃破した。1942年5月、南西方面軍。(RGAKFD)

　北部突撃集団と時を同じくして、1942年5月12日7時30分、60分間の準備砲撃と空襲の後にソ連軍南部突撃集団がドイツ軍に攻撃を発起した。ソ連第6軍第47狙撃兵師団は左翼部隊で攻撃しながら、ドイツ軍の頑強な抵抗を退けて2km前進し、この日の終わりにはヴェールフニー・ビーシキン東端での戦闘を仕掛けた。第253師団も左翼部隊が主攻撃を担い、敵戦線を突破し、ヴェールフニー・ビーシキンとヴェリーカヤ・ベレーカに退却していたドイツ第62歩兵師団の部隊を撃滅していき、これらの集落に到達した。ソ連第41師団は第48戦車旅団と協同で、ドイツ第454警備師団の連隊1個分の歩兵を殲滅し、ヴェリーカヤ・ベレーカの集落に南と南東から到着した。

　攻勢が最も目覚しい進展を遂げたのは、ソ連第411及び第266師団の地帯であった。両師団の突破地区は狭く（約4km）、大量の砲兵部隊と戦車兵力が溢れていた。午前のうちに両師団は第454警備師団の抵抗をねじ伏せ、この日はオレーリカ川の岸まで進出した。

　ボープキン戦闘集団の攻撃は、5月12日は航空機の支援なしに行われた。その理由は、ソ連南西方面軍と南方面軍の司令部間の連携がとれていなかったためである。戦闘集団の攻勢支援を任されてい

た南方面軍航空隊の司令部は攻勢計画策定にも、戦闘集団の攻勢援護にも関与していなかった。それにもかかわらず、戦闘集団は首尾よく敵の防衛線を突破し、4～6km奥に前進を果たした。5月12日の午後には、戦闘集団司令官のボープキン少将は第6騎兵軍団と第7戦車旅団を突破攻撃に投入し、それらは第454警備師団の壊走部隊を追撃し、その日の終わりにはオレーリカ川に至り、沿岸の橋頭堡を奪取した。こうして、5月12日の暮れまでに、ソ連南部突撃集団の諸部隊は42kmの正面にわたってドイツ軍部隊の抵抗を制し、敵防衛地帯の12～15km奥にまで前進したのだった。

しかも、そのうちの前線30kmにおいては、南部突撃集団はオレーリ川西岸に沿ったドイツ軍第2防衛線まで到達し、さらに先頭部隊は渡河まで敢行した。

ここでも北の突破戦区と同様、進撃が最も目覚しかったのは、補助的な方面で活動していた部隊である。ソ連第6軍の中央部及び左翼、そして主攻撃戦区で行動していた部隊は自らの課題を全うすることはできなかった。これらの部隊は、予定していたヴェールフニー・ビーシキンやヴェリーカヤ・ベレーカの集落を獲得することができなかった。これは、メレーファに向かう主作戦軸に沿ったその後の攻勢拡大を困難にした。

戦闘集団の大きな成功は、攻勢拡大部隊をタイミングよく突破攻撃に投入したことによるものであり、中間防御線に敵が引き留まるのを許さなかったことによる。

ドイツ軍は主防衛地帯を固守すべく、ソ連南部突撃集団との戦闘に第454警備師団の予備部隊をすべて投入し、さらに、ズミーエフ地区にいた第8軍団予備のハンガリー第108軽歩兵師団第38連隊の派遣も始めた。新たな戦力の到着は、ドイツ軍をしてしばしの間前線の形勢を安定させ、ヴェールフニー・ビーシキンとヴェリーカヤ・ベレーカの防御陣地帯を持ちこたえることを可能にした。

フォン・ボック元帥は5月12日の日記にこう記している──「（ドイツ）第6軍地帯で敵はイジューム突出部北西端に対してと、ヴォルチャンスク付近にて、多数の戦車を含む大兵力で攻勢に転じた。すでに正午には、敵は両方の場所で大突破に成功したことが明らかとなった。夕方には第8軍団地区の突破は深刻な様相を見せつつあることが判った。敵の戦車は夜には、ハリコフから20kmの地点にいたのだ」。

5月12日の夕刻と5月13日の深夜未明にドイツ軍はオレーリ川の線で第6軍司令官予備から第113歩兵師団1個連隊を戦闘に投入した。そして、ボープキン戦闘集団が奪取した橋頭堡を殲滅しようと試みたが成功しなかった。このとき、ドイツ第6軍司令官の指揮下に入るべく、第305歩兵師団の第1梯団がハリコフに到着し始めた。

34

35

34〜36：第6親衛戦車旅団の「犠牲者たち」——ドイツのⅡ号戦車（265号車）とⅢ号戦車（541号車）。撃破された車両は第3戦車師団のツィーアーフォーゲル（Ziervogel）戦闘団に所属していた。1942年5月、南西方面軍。（RGAKFD）

付記：Ⅱ号戦車は最終生産型のF型で、1941年3月から1942年12月に524両が生産された。それにしてもすさまじい破壊ぶりで、エンジンルームの上部パーツが吹き飛んでいる。写真34、35のⅢ号戦車はH型かJ短砲身型かちょっとは

っきりしない。写真36のⅢ号戦車はJ型の長砲身型で1941年12月から1942年7月に1,067両が生産された。

36

　ソ連南西方面軍参謀部もソ連第6軍参謀部もこの師団に関する情報を持たなかった。また、ドイツ第6軍の作戦予備としてクラスノグラード方面に第113歩兵師団がいるということも知らなかった。

　5月13日深夜未明、ソ連第6軍第2梯団の部隊──第103及び第248狙撃兵師団が移動を開始した。機動部隊（第21及び第23戦車軍団）はそれまでの集結地区に残っていた。これら部隊の移動により、その位置と前線との距離は35kmに拡大した。

　5月13日にドイツ軍にとって最も大きな脅威となったのは、ボープキン戦闘集団攻勢地帯でソ連第6騎兵軍団の配下部隊が突破地区に向かってきたことであった。ドイツ軍部隊は全力をもって突破口の拡大を防ぎ、ベレストヴァーヤ川に沿ってメドヴェードフキ、それからシュリャーホヴァヤ、アンドレエーフカと続き、それからボガータヤ川に沿って走る後方線にソ連軍が進出するのを阻止しようとした。

　ソ連第6騎兵軍団のオレーリ川を渡った部隊を殲滅すべく、ドイツ軍は5月13日に再び、戦車1個中隊で強化された第113歩兵師団第260連隊を戦闘に送り込んだ。この連隊の反撃は、攻勢拡大の勢いに乗った第6騎兵軍団の戦闘部隊によってあっという間に撃退されてしまった。

　ソ連第6軍地帯ではこの日の間中、ヴェールフニー・ビーシキンとヴェリーカヤ・ベレーカの堡塁を巡る粘り強い戦いが繰り広げられた。第6軍左翼で戦っていた第411及び第266狙撃兵師団は、5月13日朝、オレーリ川東岸の敵の抵抗を制し、その後いくつかの強

37：戦場に向かって行軍中の第84戦車旅団のT-34/76戦車（車体番号32-27は砲塔に黄色で記されている）。1942年5月、南西方面軍。（ASKM）
付記：「1941年型」だが比較的初期の生産車体で、機関銃マウントには外装式防盾が装備されていない。

力な反撃を退けて、日没までに川の右岸にある橋頭堡を占めた。

　ソ連第6軍と戦闘集団の攻勢の結果、5月13日夕刻までにドイツ軍のクラスノグラード方面作戦防衛縦深は突破された。突破正面は50kmに及んだ。第6軍主力部隊は敵防衛陣地帯の16km奥に進出し、ソ連第6騎兵軍団の部隊は20kmも奥地に食い込んだ。

　2日間の戦闘で、ハンガリー第108軽歩兵師団とドイツ第62歩兵師団の主力は壊滅し、第113歩兵師団第260連隊も大きな損害を出した。

　ソ連軍の作戦計画によれば、攻勢3日目には歩兵がヴェリーカヤ・ベレーカ～エフレーモフの線に到達し、そこで、突破攻撃に第21及び第23戦車軍団が投入されるはずであった。しかし、5月14日深夜未明に戦車部隊の投入予定線が南西方面軍司令官によって変更された。この新たな決定によると、両戦車軍団の突破攻撃投入は、歩兵がベレストヴァーヤ川の線に到達した時点とされ、ソ連第6軍戦車軍団の突破支援を担当するはずの軍航空隊は5月14日、ドイツ軍戦車部隊の反撃に応じていた第28及び第38軍の支援に一時的に任務が変更された。

　これらの変更に伴い、ソ連第6軍司令官は第23戦車軍団司令官に配下部隊を5月14日深夜にノヴォ・セミョーノフカ、クラース

ヌィ、グルーシノに移動させるよう命じ、軍第2梯団のほかの部隊（第248及び第103師団）と第21戦車軍団はそれまでの地区に残された。

5月14日のソ連第6軍攻勢地帯では、ヴェールフニー・ビーシキンとヴェリーカヤ・ベレーカの集落で激戦が続いた。そして、包囲を恐れたドイツ軍部隊がこれらの集落を放棄したのは、ようやく夕方のことであった。

戦闘集団攻勢地帯でソ連軍の最も大きな前進が認められたのは、第6騎兵軍団の方面であった。ドイツ軍司令部は騎兵軍団の進撃を停めようと、第113歩兵師団第268連隊を差し向けた。ソ連騎兵軍団部隊はドイツ側の反撃を撃退し、カザーチー・マイダン～ロソホヴァートエ～ノヴォリヴォーフカの地区を手に入れた。

ソ連第393及び第270狙撃兵師団の配下部隊は南西方向の突破正面を拡大しつつ、14日の終わりにはコハーノフカ～グリゴーリエフカ～ヴォロシーロフカ～ウリヤーノフカの線を占めた。ドイツ第454警備師団の壊走部隊は南西方向に退いていった。

このようにして、ソ連南部突撃集団が開けたドイツ軍防衛地帯の突破口は、5月14日夕刻には正面55km、縦深25～40kmにまで拡大した。

1942年5月15日付のソ連軍最高総司令部に宛てた報告書の中で、南西部戦線軍事会議は次のように指摘している──「現在我々にとってまったく明らかとなったのは、敵はハリコフに装備の充実した2個戦車師団を集結し、おそらくクピャンスク方面への攻勢を準備していたこと、それに、我々はその攻勢を準備段階において挫折させたということです。また、敵はハリコフ地区では、もはや我々に対抗する攻勢を展開できるほどの兵力を持たないことも明白です」。

ソ連南西部戦線総司令官のチモシェンコ元帥は北部突撃集団の戦闘結果の評価にあたり、ドイツ戦車部隊は多大の損害を出しながらも、ハリコフへの攻勢拡大の上でソ連歩兵の大きな障害であることにいまだ変わりはないと指摘した。そして、敵戦車兵力の殲滅を加速し、ハリコフ作戦を成功裡に完了させるため、最高総司令部予備をもって戦線右翼を強化することを要請した。

この報告書に記述された攻勢作戦の成果と進展予測は、実際には敵味方双方の現実の兵力や可能性を反映したものではなかった。それは、ハリコフ作戦計画の基礎となり、なおかつ戦闘開始時の現実によってすでに否定されたはずの、敵に関する誤った認識に基づいていた。ソ連南西部戦線総司令官は、南西方面軍の攻勢作戦を南方面軍の活動とは切り離したまま検討を続け、ソ連南方面軍のバルヴェンコヴォ突出部における形勢を十分なものと判断していた。さらに、ドイツ軍については、ハリコフを除くほかの戦区では攻勢を組

38

39

38〜41：ハーシン親衛大佐の第6親衛戦車旅団に撃破されたドイツ第3戦車師団所属のIII号戦車J型（531号車）とIV号戦車F1型。
付記：写真38はJ型長砲身型。こちらの破壊状況はまだそれほどでもないが、IV号戦車は内部の弾薬でも爆発したのか、ほとんどバラバラになっている。

40

41

織する力はないとみなしていた。実際のところは、ソ連南西方面軍左翼部隊の攻勢によって困難な状況に追い詰められたのは、ドイツ第6軍右翼のクラスノグラード方面で活動していた部隊だけに過ぎなかった。確かに、この方面でドイツ軍防衛陣地帯が突破されたことは、ドイツ軍部隊をかなり緊迫した状況に陥れた。たとえば、ドイツ陸軍参謀総長のF・ハルダー大将は5月14日付の日記に次のメモを残している――「フォン・ボック（元帥）が電話をかけてきて、クライストの戦線から3～4個師団を外し、ハリコフ南方の突破口を封鎖するために使用するよう提案してきた。この提案は却下された。形勢の好転は、『フリデリクス』作戦において南から攻勢を起起することによってのみ可能である」。

　しかし、ハリコフ方面のドイツ第6軍中央部の形勢は、第3及び第23戦車師団を戦闘に投入したことに伴い、より安定していた。ソ連南西方面軍右翼部隊の活動が消極的だったため、ドイツ軍司令部は兵力の一部をこの戦区から割いて、危険な方面に移動させることが可能だった。一方、ソ連南方面軍の無為無策は、ドイツ第17軍とクライスト集団の全部隊に、5月13日に何の妨害も受けずに部隊の再編成を行い、イジューム～バルヴェンコヴォ方面に対する反撃の準備を整えるチャンスを与えた。

　ソ連南西方面軍の成功はひとえに、進撃の高速性に依拠していた。ところが、方面軍司令官はドイツ軍の兵力展開能力を過小評価し、敵の遠隔後方作戦予備の前線到着時期を読み誤っていたのだった（ソ連側の作戦計画では、ドイツ軍遠隔後方予備の到着は攻勢開始の5～6日後にしてはじめて可能とされていた）。方面軍司令官が犯したこれらの誤算の結果、作戦遂行テンポを最大限に上げるかどうかという件には、まったく然るべき注意は払われなかった。

　ソ連北部突撃集団の攻勢地帯では、まだ作戦が始まった直後というのに、南西方面軍司令官は独自の指示を出して、第28軍から1個狙撃兵師団と2個戦車旅団を割いて第38軍地帯のドイツ軍の反撃を撃退するために送り、さらにもう1個の狙撃兵師団をテルノーヴァヤ地区の敵防御陣地の殲滅に派遣した。これによって、第28軍突撃部隊の威力は低下してしまった。

　5月14日の終わりには、この方面で活動していた戦車旅団8個のうち6個（第57、第90、第36、第13、第133、第6親衛）は、攻勢に積極参加する代わりに、北部突撃集団左翼の掩護にあたるようにとの命令を受領した。第3親衛騎兵軍団との協同行動を命じられていたソ連第84戦車旅団は、緒戦で大きな損害を蒙り、この時点で手元に残った戦車はわずか13両に過ぎなかった。

　しかもこのとき、反撃してくるドイツ軍との戦闘に第38軍の全部隊が投入されたわけでもなく、配備していた工兵設備も使用され

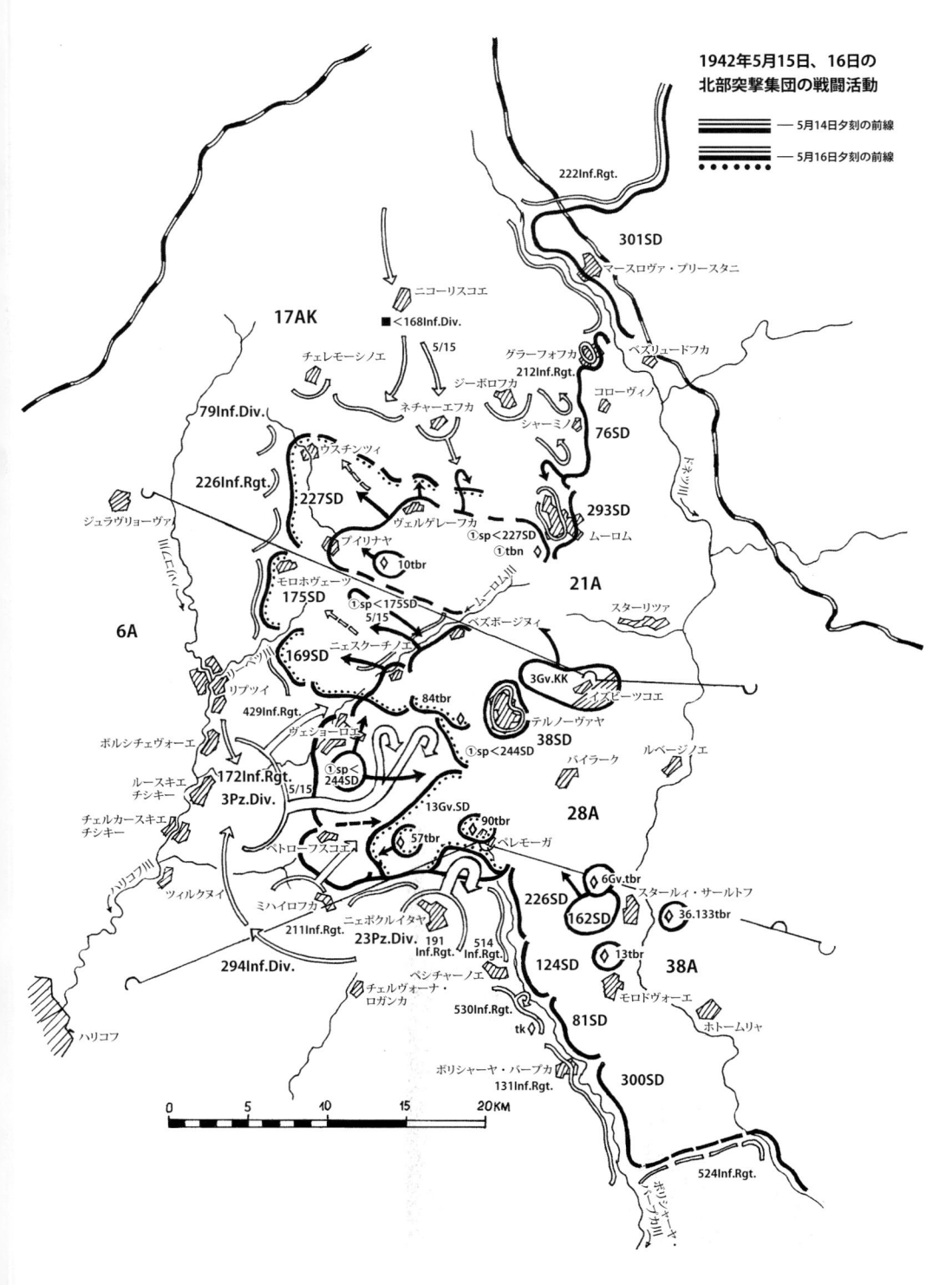

49

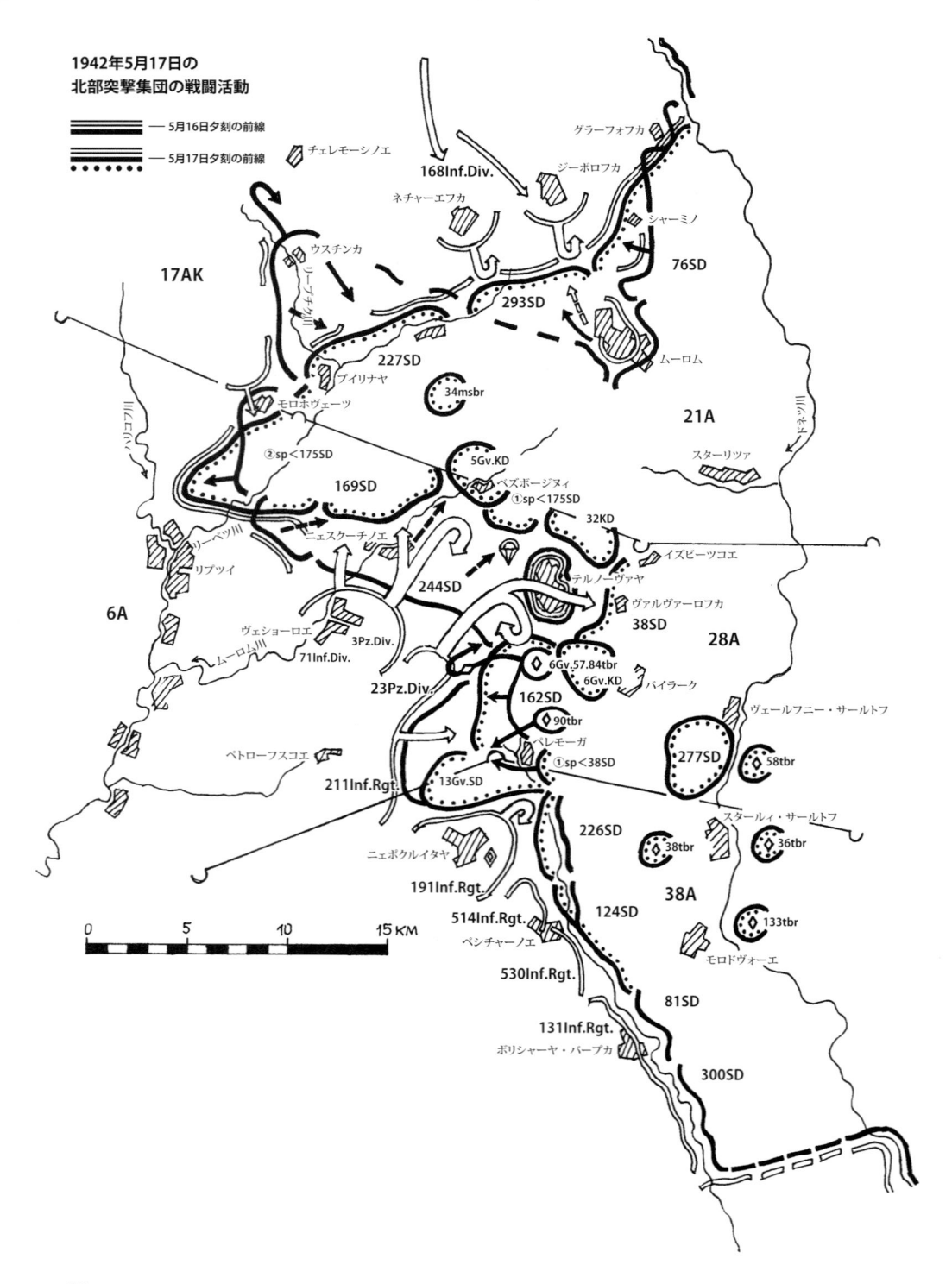

1942年5月17日の
北部突撃集団の戦闘活動

51

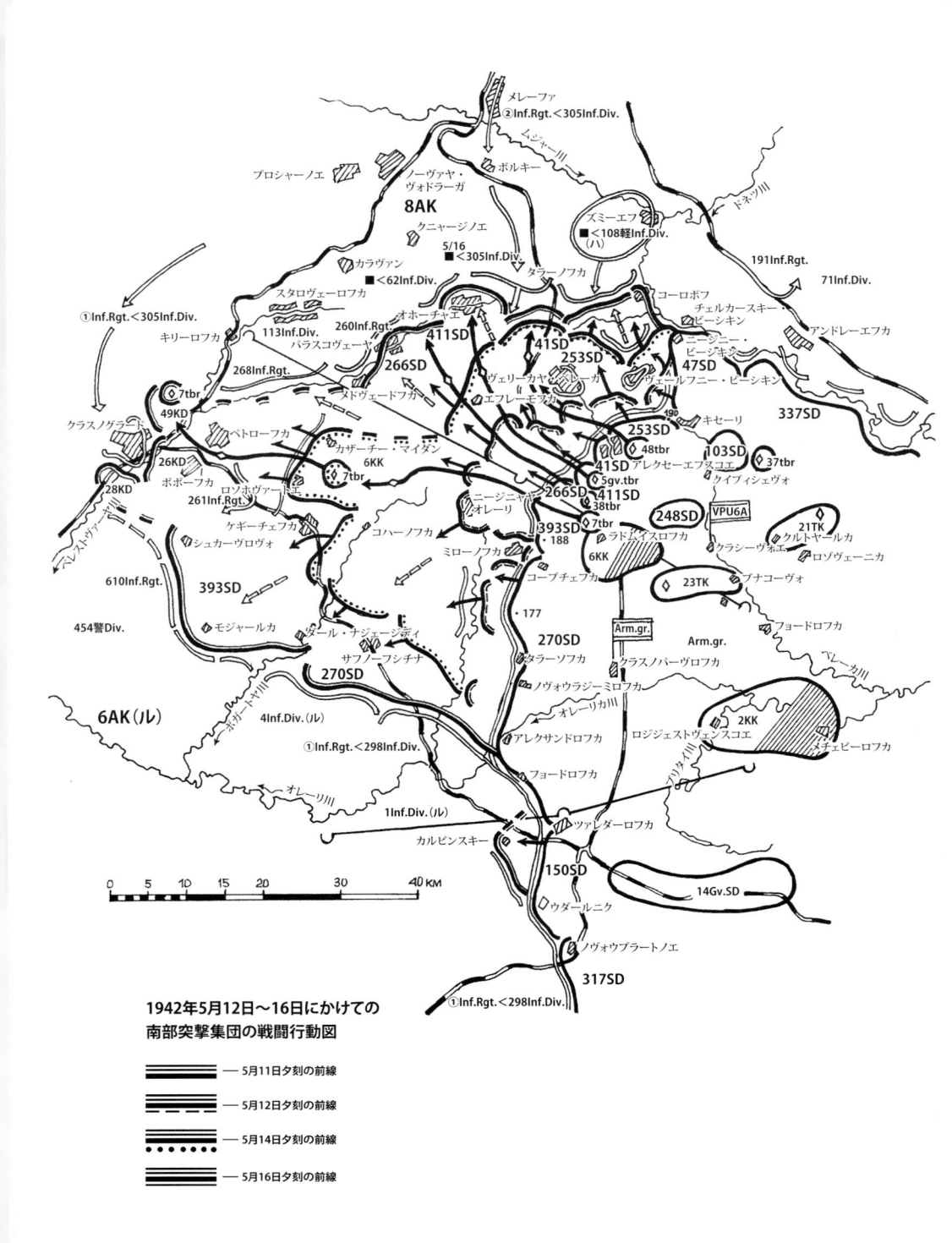

42：第23戦車軍団司令官のソ連邦英雄E・プーシキン少将（左から2人目）とI・ベロゴローヴィコフ連隊政治将校（左端）が配下部隊に戦闘課題を指示している。1942年5月、南西方面軍。（ASKM）

なかったのである。これらすべての誤算と無意味な兵力の移動は、それでなくとも遅々としか進んでいなかったソ連北部突撃集団の攻勢活動に悪影響を及ぼすことになった。

　穿たれた突破口に機動兵力を投入してソ連軍主作戦軸の第28軍地帯で進撃速度を上げることはできなかった。なぜならば、5月14日夕刻にこの機動部隊が位置していたのは、前線から20kmも離れた地点だったからである。それに、ソ連第28軍砲兵隊が5月14日に保有していた弾薬は、わずかに定数の2割から6割に過ぎなかった。この方面における航空機もかなり少なく、北部突撃集団の中央部で攻勢を支援し、左翼の防勢戦闘を掩護するというふたつの課題を同時にこなすことは不可能だった。

　ソ連南部突撃集団攻勢地帯において獲得された成果はより計画的に発展し、第2梯団を二次的な課題に割かれることなく、明確な目的の下に攻勢が拡大されていった。5月14日には、この方面の攻勢の主導権は完全に赤軍が握っていた。

　ソ連第6軍第1梯団部隊が、攻勢拡大部隊の投入地区に予定されていたヴェリーカヤ・ベレーカ〜エフレーモフカの線を押さえた時点には、ドイツ軍の作戦予備部隊は、1個歩兵連隊を除いてすべて戦闘に参加していた。ドイツ第6軍の予備兵力はこのとき、南西方面軍北部突撃集団との戦闘に使用されていた。そこではまた、ドイツ空軍部隊の主力も活動していた。ソ連軍にとっては、機動部隊を突破攻撃に投入するには最適な状況が生まれていたのである。

　ところが、5月14日夕刻の時点で、ソ連軍第2梯団の戦車軍団と狙撃兵師団は前線からかなり遠方に位置していた。ソ連第21戦車軍団は第6軍先頭部隊から42kmも離れたところにおり、第23戦車軍団は前線から20km、第248及び第103狙撃兵師団も20〜40km離れていた。このような配置は部隊を随時戦闘に投入することを保障

43〜45：後方に連行されるドイツ軍捕虜。ゴロドニャンスキー将軍の第6軍展開地帯。1942年5月16日、南西方面軍。（RGAKFD）

できず、そのときどきの状況に左右されることになった。

　この方面の突破作戦への機動部隊投入を先送りするというソ連南西方面軍司令官の決定は、現実の戦況にも作戦全体の利益にも適合せず、ただドイツ軍に自軍の第6軍右翼を強化するための時間稼ぎを許しただけであった。

　ドイツ第3及び第23戦車師団による反撃を撃退するためにソ連第6軍司令官の手から支援航空部隊が奪われ、しかもその穴が南方面軍航空隊の戦力で補われなかったことは、ソ連南部突撃集団戦区の突破攻撃に機動部隊を参加させる条件をさらに複雑化した。

　こうして、北部攻勢戦区でのドイツ防衛陣地帯が50kmの正面にわたって突破され、ソ連軍は20～25kmも前進したにもかかわらず、北部突撃集団は5月14日の終わりには事実上、その後の攻勢を首尾よく拡大する余力はもはや残っていなかったのである。ソ連北部突撃集団の主力（第1梯団の狙撃兵師団と戦車旅団）はドイツ軍主防衛線の突破戦闘と敵の予備兵力による反撃に対する応戦で疲弊していた。攻勢拡大の任務を与えられていたはずのソ連各軍第2梯団は、防御戦闘課題の遂行に回されていた。

　ソ連北部突撃集団が攻勢開始後の2日間で示した快進撃は、ドイツ軍のかなりの予備兵力をその突破戦区に引き寄せた。これは、ソ連南部突撃集団が敵防衛陣地帯の全作戦縦深をきわめて短期間に突破し、この方面で防戦を展開していたドイツ軍部隊を壊滅させるという課題の遂行を楽にさせた。

　5月14日夕刻までにソ連南部突撃集団は突破正面を55kmにまで広げ、ドイツ軍防衛地帯の懐に25～50kmも切り込んだ。

　ドイツ軍は5月12日～14日の間に多大な損害を出した。第62歩

46：中隊長ジャンブラート・ベスターエフ中尉の搭乗戦車T-34/76が、捕獲したⅢ号突撃砲を牽引している。1942年5月、南西方面軍。（ASKM）

47：捕獲ドイツ自走砲の操縦習熟訓練をしているソ連戦車兵。1942年5月、南西方面軍、第5親衛戦車旅団。（ASKM）

兵師団の第515及び第208連隊と第454護衛師団、それに個別の歩兵大隊4個が全滅した。第79、第294、第71歩兵師団も第3及び第23戦車師団も、また第62、第44、第113歩兵師団とハンガリー第108軽歩兵師団も、それぞれ大きな損害を蒙った。この状況の中で、ソ連南方面軍の航空支援を伴う戦車軍団2個を用いた強力な攻撃が行われたならば、南部突撃集団の攻勢拡大にとっても、北部突撃集団への応援という意味でも、それは最も効果的な一手となりえたはずである。5月13日から14日にかけてソ連第6軍攻勢地帯において第2梯団を使用しなかったことは、その後の作戦の推移に否定的な影響を及ぼした。逆にドイツ軍は、部分的な部隊の再編成と防衛態勢を整えるチャンスを手にしたのだった。

48：ドイツ戦車を2両ずつ撃破した対戦車銃兵（左から順に）——A・シュルイコフ、I・ノーヴィコフ、P・ヴァシーリエフ、A・ポッドゥーブヌィ、A・ロマニューク、D・クーチェル。1942年5月、南西方面軍。（ASKM）
付記：対戦車ライフルはデクチャリョーフPTRDである。

49：第5親衛戦車旅団の戦車兵が捕獲したIII号突撃砲C/D型（第214突撃砲大隊所属と思われる）。1942年5月14日、南西方面軍。
付記：III号突撃砲C/D型は1941年5月〜9月にC型が50両、D型が150両生産された。

50：第5親衛戦車旅団所属のT-34/76戦車1942年生産型。1942年5月、南西方面軍。（ASKM）

北部突撃集団の戦闘活動 （5月15日～16日）
БОЕВЫЕ ДЕЙСТВИЯ СЕВЕРНОЙ УДАРНОЙ ГРУППИРОВКИ 15-16 МАЯ

　ソ連軍のハリコフ奪回作戦計画によれば、ソ連第28軍部隊は攻勢を拡大しながら、ハリコフを北と北西から取り巻き、第6軍と協同でドイツ軍ハリコフ部隊をすべて包囲殲滅することになっていた。ソ連第38軍はそれまでの攻勢の成果を発展させつつ、第6軍と連携をとりながら、テルノーヴァヤ地区のウダー川に進出することにより、ドイツ軍チュグーエフ部隊の包囲を確かなものとせねばならなかった。ソ連第28軍の行動は、北からは第21軍がマースロヴァ・プリースタニ～チェレモーシノエの線に攻勢をかけることによって、また南からは第38軍の中央部と左翼の部隊がチュグーエフ突出部を攻めることによって保障されるはずであった。

　ソ連南西方面軍司令官が発した、5月15日朝からの攻勢継続の指示を受領したのは、実は第21軍と第28軍右翼の2個師団だけであった。第28軍の左翼2個師団と第38軍全部隊に対しては、ソ連北部突撃集団の翼部を守るために、進出した線で防御を固めるように命じられた。

　ソ連第21軍部隊は5月15日朝から任務の遂行に着手したが、次第に強まるドイツ軍の抵抗に遭って成功せず、北部戦区の戦況は悪化の一途を辿った。北から送り込まれてきたドイツ第168歩兵師

団の先頭部隊は、12時には現地部隊とともにムーロムへの反撃を開始した。これと時を同じくして、ブライト集団と第71歩兵師団2個連隊、第44歩兵師団1個連隊も攻撃に転じた。ドイツ歩兵は戦車80両の支援を受けて、ペトローフスコエの東方3～5kmに前進した。また、歩兵1個連隊と戦車40両の部隊がニェポクルイタヤ地区からソ連第28軍と第38軍の連接部を襲い、北西方向のペレモーガとテルノーヴァヤに進み始めた。

ソ連第38軍右翼部隊が展開していた前線でもドイツ軍の行動は活発化し、とりわけ第226及び第124狙撃兵師団に対する戦闘は激しさを増していった。そこでは、戦車を伴う2個大隊規模のドイツ歩兵が、ペシチャーノエの南でボリシャーヤ・バープカ川の渡河を試みた。

ドイツ軍地上部隊の活動は航空機の支援を受けていたが、この日はソ連南西方面軍地帯で532回の出撃が確認された。その大半はソ連北部突撃集団の前線に対するものであった。他方、ソ連南西方面軍航空隊も活発な動きを見せた。友軍を掩護し、制空権を奪回し、敵戦車部隊の撃滅を目的に、1日の間に341回の出撃を行った。25件の空中戦では、ドイツ機が29機撃墜された。

ドイツ軍は多大な損害を出し、この日の終わりには、目的を達せずして、反撃を中止せざるをえなくなった。ソ連第38軍の形勢に変化はなかったが、第28軍はきわめて激しい戦闘に直面し、突進してくるドイツ軍部隊に対して戦術予備兵力をすべて投入した。

ニェポクルイタヤ地区からソ連第28軍と第38軍の連接部に反撃

1942年5月16日現在の南西方面軍戦車数集計

部隊名	保有戦車数	備考
第478独立戦車大隊	29	同日23両追加受領予定
第10戦車旅団	30	
第6親衛戦車旅団	38	内2両要修理
第6戦車旅団	22	同日第6、90、83の3個旅団に54両追加配備予定
第90戦車旅団	23	同上
第84戦車旅団	30	同上
第92独立戦車大隊	12(T-60)	同日24両(T-60)追加受領予定
第132独立戦車大隊	25	同日16両追加受領予定
第71独立戦車大隊	26	
第38戦車旅団	7	同日16両(T-60)追加受領予定
第7戦車旅団	資料欠如	
第22戦車軍団		
・第133戦車旅団	3	同日第133、13、36の3個旅団に55両追加配備予定；5月18日～19日さらに23両到着予定
・第13戦車旅団	8	
・第36戦車旅団	6	
第21戦車軍団	131	
第23戦車軍団	134	

を発起したドイツ戦車部隊の進撃は、クラースヌィ～ドラグノーフカの線で停められた。しかし、ソ連第28軍左翼の第244狙撃兵師団及び第13親衛狙撃兵師団の戦区では緊迫した戦況が続いていた。ソ連第244狙撃兵師団の1個連隊は北東方向へ20km後退し、テルノーヴァヤの北西2～3kmの地点でようやく態勢を整えることができた。もう1個の連隊はヴェショーロエを放棄し、この集落の北に移動した。3つ目の連隊はヴェショーロエの南西に包囲されてしまった。5月16日の深夜、第244師団は配下の残余部隊をもって、ヴェショーロエの北～北西～東に連なる高地の線を固めた。

　ソ連第28軍左翼の後退は、右翼部隊の攻勢に影響した。ソ連第175及び第169狙撃兵師団は、ドイツ軍の抵抗は弱かったものの、ようやく5km西進できただけで、リーペツ川に出たところで攻勢を停止してしまった。

　5月15日、ソ連南西方面軍司令官は5月15日北部突撃集団の司令官たちに対して、それぞれの活動戦区に突入してきたドイツ軍の戦車と歩兵を殲滅するよう要求した。

　この15日付の命令で、ソ連第21軍は課された任務を5月16日に遂行しなければならなかった。ソ連第28軍は、右翼は進出した線を固め、左翼の第244狙撃兵師団と第13親衛狙撃兵師団はその連接部に切り込んできたドイツ軍部隊を撃滅し、形勢を回復せよ、と

51：撃破されたⅢ号戦車の傍に立つ赤軍兵。1942年5月、南西方面軍。

52：戦闘に明け暮れるKV戦車搭乗員の束の間の休息（左から順に）──G・I・マーリコフ曹長、D・K・ヤーコヴレフ中尉、R・I・ピスカリョーフ軍曹、P・Z・トゥイシャチヌィ曹長。それまでの戦闘で彼らは敵の砲7門と機関銃3挺、トラック8台を破壊、敵将兵100名を戦死させ、17名を捕虜にした。1942年5月、南西方面軍。（ASKM）

の課題を受領した。

　ソ連第28軍の左翼を強化するため、同軍司令官の手に第38軍から第162狙撃兵師団が戻され、それはペレモーガ〜ゴルジエンコ戦区を防御する任務を負った。ソ連第38狙撃兵師団は、テルノーヴァヤにいるドイツ軍守備隊を壊滅させるべく戦闘を継続し、同時に1個連隊をもってテルノーヴァヤへの南からの近接路を防御しなければならなかった。ソ連第28軍機動部隊（第3騎兵軍団）は、5月16日朝までに10〜12km移動して、第21及び第28軍が相互に隣接する翼部の背後に集結することになった。ソ連第38軍は自らが占める戦線の防御を固めよとの課題を受領した。

　ドイツ軍司令部は、5月15日から翌16日の深夜未明にかけて第168歩兵師団の部隊をソ連第21軍突撃部隊の前方に集結、展開させた。その他、16日の夜を徹して、第38軍の正面からヴェショーロエ〜ペトロフスコエの地区に歩兵を伴う戦車50両を移動、集結させた。

　5月16日、ソ連第21軍が攻勢を続けようとしたとき、ドイツ軍は強力な抵抗を示し、反撃をいくつか試みたが撃退された。第21軍左翼の第227狙撃兵師団司令官は先頭部隊の活動の結果から、ドイツ軍が主力をハリコフ川の線に移動させたことを察知した。敵の後退に乗じて、同師団とその隣の第28軍第175狙撃兵師団は、兵力の一部をリーペツ川西岸に前進させた。

　5月16日の日中、ドイツ軍は歩兵の支援を受けた戦車小部隊群で、

テルノーヴァヤ地区のソ連第28軍の正面を何度か攻撃した。しかし、赤軍砲兵の集中射撃と空襲で撃退された。予定されていた第244狙撃兵師団と第13親衛狙撃兵師団の攻勢は、準備が整わなかったために実施されなかった。

　5月17日のソ連北部突撃集団部隊の肩には、これまでと同じ課題がのしかかっていた。突入してきたドイツ戦車部隊の撃滅である。ソ連南西方面軍司令官の決定によれば、その主役を担うのは第28軍とされていた。

　ソ連南西方面軍司令官は5月16日付第00317号の戦闘命令の中で、第28軍部隊に次の課題を課した――軍左翼3個師団（第244、第162、第13親衛）は戦線の有利な形勢を利用して、ここに切り込んだ敵部隊を集中攻撃により殲滅し、その後は全軍で攻勢を継続し、クピャンスク地区から到着する第277狙撃兵師団と第58戦車旅団の兵力をもって攻勢を拡大することになっていた。

　その攻勢の主役はソ連第162狙撃兵師団が演じることになっていた。師団長の指揮下には、第6親衛戦車旅団と第244狙撃兵師団1個連隊、第38軍1個連隊が置かれた。

　5月17日朝からは、ソ連第38軍全部隊は一斉に攻勢に転じ、左翼による主攻撃の矛先をドイツ軍チュグーエフ部隊に向けることとされた。右翼は補助的な役割を担当し、同軍はこの日の終わりにはニェポクルイタヤとペシチャーノエ、ボリシャーヤ・バープカにあるドイツ軍防御拠点を制圧する予定であった。

　5月16日の結果、チュグーエフ突出部のドイツ軍の防御が弱り、ソ連第199及び第304狙撃兵師団の正面60kmに残ったドイツ軍大隊が10個に減った状況下では、上記の攻勢の見通しは悪くはなかった。ドイツ軍はここには戦車部隊を持たず、一方のソ連第38軍は最高総司令部予備から第199狙撃兵師団戦区に到着した新鮮な第114戦車旅団を持っていたからである。ここでの成功は、ソ連南西方面軍予備としてチュグーエフ方面にいた第313狙撃兵師団がさらに発展させていくことが可能だったのである。

53：戦闘課題を受領する第5親衛戦車旅団の戦車兵。1942年5月、南西方面軍。（ASKM）

南部突撃集団の攻勢（5月15日～16日）
НАСТУПЛЕНИЕ ЮЖНОЙ УДАРНОЙ ГРУППИРОВКИ 15-16 МАЯ

　5月15日にソ連第6軍とボーブキン戦闘集団が攻勢に転じたとき、ドイツ軍は敵の上空掩護が弱まったのを利用して自らの航空部隊の活動を活発化させた。この日のドイツ機は大編隊で行動し、赤軍攻勢部隊にかなりの損害を与え、戦車軍団の進撃を遅滞させた。これは当然、ソ連第6軍の進撃速度を低下させ、その活動結果に影響を及ぼした。

　主攻撃方面で進撃中だったソ連第6軍第411及び第266狙撃兵師団は非常に緊迫した形勢の中、午後にベレストヴァーヤ川に辿り着いた。右翼のソ連第47狙撃兵師団はこのときドネツ川に進出し、第253狙撃兵師団はスハーヤ・ゴモーリシャ川に到達し、ボリシャーヤ・ゴモーリシャ村を巡って戦闘を開始した。

　ボーブキン戦闘団の配下部隊もまた攻勢拡大を続け、この日の終わりにはソ連第6騎兵軍団がクラスノグラードのすぐ東に迫った。ソ連第393及び第270狙撃兵師団はドイツ第454警備師団の壊走部隊を追撃しながら10km前進し、クラスノグラード～ロゾヴァーヤ鉄道線を遮断した。

　こうして、ソ連南西方面軍南部突撃集団の部隊は5月15日の午後には主攻撃軸の突破攻撃に戦車軍団を投入するために必要な諸条件と、突破地区翼部に安定した掩護戦線を創りだすことができた。し

54：戦闘直前のT-34/76搭乗強襲部隊（タンクデサント）。1942年5月、南西方面軍、第5親衛戦車旅団。（ASKM）

付記：多数のタンクデサントを騎乗させたT-34。中期以降のT-34戦車は、砲塔・車体に多数の手すりが溶接されるようになったが（タミヤ1/35「T34/76 1942年型」の付属パーツ参照）、これはタンクデサントたちがしがみつくためのものであった。

かし、ソ連戦車軍団はこのとき、戦闘活動が展開されていた地区から25〜35kmのあたりにおり、迅速に戦闘に参加することができなかった。

　ソ連南西方面軍南部突撃集団の首尾良い攻勢は、ドイツ軍にとってかなり困難な状況を創り出し、ドイツ軍司令部はいかなる代償を払ってでもベレストヴァーヤ川の線を死守すべく、あらゆる措置を講じていた。第454警備師団左翼の強化のために第113歩兵師団第261連隊が派遣されたが、ソ連第6騎兵軍団の攻撃を受けて、この連隊はクラスノグラードに後退した。ドイツ第113師団の他の2個連隊はベレストヴァーヤ川の西岸に退き、撃退された第62歩兵師団の残存部隊とともに防御陣地を構えた。

　第305歩兵師団の全部隊がハリコフに集結するのを待たずして、ドイツ第6軍司令官はまだ集結移動中だったこの師団の部隊の行き先を変更した。そのうちの1個連隊はポルターヴァからクラスノグラードに送られ、他の2個連隊はいくつかのグループに細分してハリコフからタラーノフカへ第62歩兵師団の増援に急派された。

　ドイツ軍部隊にとって最大の脅威となったのは、オホーチャエ地区でソ連第411狙撃兵師団が占拠した戦区である。第113歩兵師団1個連隊と第305歩兵師団の到着部隊によって、ドイツ軍はこの日の夕方には強力な反撃を組織し、ソ連第411狙撃兵師団の1個連隊をオホーチャエ南端に押し戻した。

ドイツ軍司令部の企図によれば、拡大してきたソ連軍の攻勢を撃滅する上で中心的な役割を果たすべきはクライスト集団であった。クライスト集団の南からのバルヴェンコヴォ橋頭堡に対する反撃に、ドイツ軍の防衛作戦全体の成功がかかっていた。ドイツ軍司令部は、この反撃のほかに一連の攻撃を実施することを決定した。その目的は、ソ連南方面軍第57軍の前方に展開するドイツ軍防衛態勢全体を脅かすことになるであろう、ソ連軍部隊の西方やドイツ軍後方線、南方への突破を予防することであった。

　ボープキン戦闘集団部隊のクラスノグラード進出にとともに、ドイツ軍は第6軍と第17軍を結ぶ重要な鉄道連絡路を失った。クラスノグラード鉄道中継点はそれ自体がとりわけ重要な存在であった。なぜならば、ここを押さえていたドイツ軍は、クラスノグラード～ポルターヴァとクラスノグラード～ドニェプロペトローフスクの鉄道路線を利用することが可能だったからである。

　クラスノグラードを維持しようと、ドイツ軍司令部は第17軍左翼部隊の予備(ルーマニア第4歩兵師団の一部とドイツ第298歩兵師団1個連隊)を抽出し、攻撃してくるボープキン戦闘集団の翼部に対する反撃を準備し始めた。そのうえ、ドイツ軍司令部は全方面において、現地の後方警護部隊[注6]で「督戦部隊」[注7]を急編成し、防御戦闘に使用した。

　これと同時にドイツ軍は、ソ連南方面軍第57及び第9軍に対峙している部隊の複雑な再編成作業も続けていた。これは、狭い突破戦区の第一線部隊の戦闘隊形を密集化させ、強力な第2梯団を抽出し、クライスト集団の作戦予備兵力を用意することを目的として、5月

55：戦闘の合い間の休息。奥にはトラックGAZ-AAが見え、車体番号C-14-79は赤色で付けられている。1942年5月、南西方面軍。(ASKM)

[注6] 後方での警察機能を果たす部隊。(訳者)

[注7] 戦闘中に最前線の友軍兵士が戦列を勝手に離れないようにするため、彼らの背中に銃口を向けた部隊で、勝手な逃亡者や戦闘を放棄して戻ってくる者があれば射殺することを任務としていた部隊。(訳者)

56：攻撃発起線に移動する第5親衛戦車旅団のT-34/76戦車。手前の戦車の砲塔後部には"14"の車体番号が、次の戦車の砲塔前部には"56"の車体番号が見える。1942年5月、南西方面軍。（ASKM）

13日からすでに始められていたものである。

　5月15日は、110kmにわたるソ連南方面軍翼部の前方ですべてのドイツ軍部隊は再編成を進めていた。ソ連軍の各軍、各師団の作戦将校の耳には、ドイツ軍部隊の動きに関する断片的な情報が入ってきてはいた。しかし、これらの情報に然るべき注意は払われなかった。捕虜の証言にも航空偵察情報にも関心は寄せられなかった。バルヴェンコヴォ突出部南面でドイツ軍が攻勢を準備していると思わせるような情報はまったく持たないソ連南西部戦線総司令官のS・チモシェンコ元帥は、5月16日の夜明けに戦車軍団を突破攻撃に投入することを決定した。ソ連第21戦車軍団はタラーノフカとオホーチャエの間の戦区で、また第23戦車軍団はオホーチャエ～ベレストヴァーヤ地区のベレストヴァーヤ川の線から突入することとされた。ボープキン戦闘集団に対しては、第6騎兵軍団の兵力をもってクラスノグラードを制圧するよう命じられた。

　ところが、この命令は実行されなかった。ソ連戦車軍団は夜を徹して走っても、指定された線に到着することができず、第21戦車軍団は前線から8～10km離れた位置に、そして第23戦車軍団は前線から15km後方に集結した。

　5月16日の未明から日没まで、ドイツ軍は後退した部隊の態勢を立て直し、ベレストヴァーヤ川にかかる橋梁をすべて破壊した。遅い春の出水で、この川のオホーチャエ～メドヴェードフカ地区の川幅は10～20mあった。泥深い川底と広い泥濘化した流域は、戦車部隊が橋梁や渡河手段なしに対岸に渡ることを不可能にした。

　ソ連軍の進撃速度が低下した機に乗じて、ドイツ軍司令部は行動を活発化した。第305歩兵師団のタラーノフカ地区に到着した部隊は、第113歩兵師団配下部隊と連携してソ連第411狙撃兵師団の右翼を攻撃し、ドイツ第62師団の形勢を改善した。ドイツ第305師

57：射撃陣地に遺棄された10.5cm軽榴弾砲leFH18。防楯左側には第88歩兵師団の部隊章が見える。1942年5月、南西方面軍地区。(ASKM)
付記：leFH18は1935年に制式化され、大戦全期間を通じて使用された。ドイツ軍の標準的な軽野戦榴弾砲で、Ⅱ号10.5cm自走榴弾砲ヴェスペや、Ⅲ号突撃榴弾砲の主砲にも使用された。

団の主力（1個連隊を除く）は、メレーファ地区への集結を続けていた。

　ソ連戦車軍団の突破攻撃投入の好機が訪れたのはようやく5月16日の日が暮れる頃、第266狙撃兵師団がパラスコヴェーヤ地区でベレストヴァーヤ川を渡河した時だった。しかしここでも、橋を修復しなければならなかった。そのため、ソ連第6軍司令官は第21及び第23戦車軍団の使用を5月17日の朝まで待たざるをえなかった。

　ボープキン戦闘集団は5月16日の夜明けに、クラスノグラード地区でベレストヴァーヤ川の渡河手段を確保した。その日の終わりには、ソ連第6騎兵軍団の配下部隊がクラスノグラード市を半分ほど包囲し、その北端、東端、南端での戦闘を開始した。ソ連第393狙撃兵師団の部隊は、シュカーヴロヴォ～モジャールカの線を押さえた。戦闘集団攻撃部隊の前線はこの時点で50kmを越えていた。左翼ではドイツ軍がサフノーフシチナ地区で何度か反撃を試みたが、第270狙撃兵師団の部隊が撃退した。

　フォン・ボック元帥は5月16日の日記に次のメモを残している——「私は正午に、クラスノグラードで戦っている後方部隊を強化するために当地へ赴く。このような状況下ではいつものごとく、現

58：ソ連戦車兵が捕獲ドイツ自走砲のIII号突撃砲C/D型を調べている。ゴロドニャンスキー将軍の第6軍戦区。1942年5月、南西方面軍。（ASKM）

場では全滅の噂が飛び交っている。帰営した後に知ったことだが、第8軍団のところがいくつか突破され、その左翼でハンガリー人たちが後退したため、軍団司令官は部隊を約10km後退させようとした。きわめて悪い事態だ。なぜなら、今や第8軍団と左隣の第44師団の間に大きな穴ができたのみならず、クラスノグラード北方の突破口もさらに拡大したからである」。

この日、第270狙撃兵師団のすぐ隣にいたソ連南方面軍第57軍右翼の第150狙撃兵師団も攻勢に転じた。しかし、この日1日の前進距離は6km以内と、たいしたことはなかった。

こうして、5月15日〜16日の2日間にわたってソ連北部突撃集団は攻勢を拡大させつつも、敵の作戦予備との激戦を余儀なくされ、前進はできなかった。ソ連南部突撃集団の攻勢地帯では、ソ連第6軍第1梯団部隊が第2梯団や作戦予備、戦車軍団によって適宜強化されなかったため、2日間で前進できた距離はわずか8〜12kmに過ぎなかった。ドイツ軍はこの方面の戦闘に第113歩兵師団全部隊と第305歩兵師団1個連隊を投入し、ソ連第6軍の進撃をスハーヤ・ゴモーリシャ川とベレストヴァーヤ川で押し止めることに成功した。しかし、ボープキン戦闘集団の攻勢を押さえることはなんとしてもできなかった。

副次的な方面におけるボープキン戦闘集団の一定の成功を除けば、ソ連南西方面軍部隊の5日間にわたる攻勢は北部においても南部においても決定的な成果はもたらさなかった。

5月16日夕刻の時点でふたつのソ連軍突撃集団の狙撃部隊が進んだ距離は20〜35kmであったが、それは作戦3日目に制すべき距離のはずであった。機動部隊は、作戦計画で予定された敵防衛陣地帯

59〜61：ソ連砲兵に破壊された5cmL/42砲搭載Ⅲ号戦車J型。第23戦車師団所属車両と思われる。1942年5月。(ASKM)

の奥深くに楔を打ち込む代わりに、いまだ前線付近で足を取られ、北部では防御戦闘に引きずり込まれ、南部では突破攻撃の準備を続けている有様だった。

　ドイツ軍は北部戦区で2個戦車師団と2個歩兵師団に上る予備兵力を投入することで、ソ連南西方面軍北部突撃集団の翼部で優勢を確保し、ソ連軍に厳しい防御戦闘を強いることに成功した。南部戦区では2個歩兵師団を参加させ、ソ連第6軍の進撃を食い止め、ベレストヴァーヤ川に沿う後方防衛線を確保することができた。

　5月12日から16日にかけての戦闘では、ドイツ軍ハリコフ部隊を北部、南部両突撃集団の主力をもって包囲殲滅するというソ連南西方面軍の攻勢作戦構想は、一貫性がなく、十分な熱意もなく実行された。ソ連北部突撃集団と南西方面軍全航空部隊のおもな努力は、5月13日からは事実上、第28及び第38軍の連接部を襲っていたブライト戦車集団の撃滅に方向転換された。北部戦区においても、南部戦区においても、個々の部隊が掴んだ成功のきっかけは活かされずに終わった。

　相変わらずソ連南西方面軍の攻勢は南方面軍との連携なしに進められ、南方面軍はハリコフ作戦を保障するような行動はまったくとらなかった。ソ連第57軍第150狙撃兵師団の攻勢も拡大されず、作戦の大勢に何らの影響も及ぼさずに終わった。

60

61

62

63

64

62〜64：ハリコフ州の農村で撃破された5cmL/42砲搭載のⅢ号戦車J型。車体番号「506」は消えかかった番号「24」の上に書かれており、車体には最近まで塗られていた冬季迷彩の白色塗料の跡が見える。これは、前線に急派された車両のようである。1942年5月、南西方面軍。（ASKM）

第2章
ドイツ軍の反撃と包囲戦（1942年5月17日〜28日）
КОНТРУДАР НЕМЕЦКИХ ВОЙСК И БОИ В ОКРУЖЕНИИ [17-28 МАЯ 1942 ГОДА]

南方面軍第9及び第57軍の戦闘（1942年5月7日〜16日）
БОЕВЫЕ ДЕЙСТВИЯ ВОЙСК 9 И 57-Й АРМИЙ ЮЖНОГО ФРОНТА С 7 ПО 16 МАЯ 1942 ГОДА

　ソ連南西方面軍の攻勢作戦第一段階において、バルヴェンコヴォ橋頭堡にいた南方面軍第57軍は、攻勢支援となりえたはずの積極的な戦闘行動をとらなかった。

　バルヴェンコヴォ橋頭堡左翼に位置していたソ連第9軍は、5月7日〜15日にかけてマヤキー地区奪取を目的とした個別の作戦を実行していた。この作戦には南方面軍第15及び第121戦車旅団も加わっていた。この集落は、ドイツ軍1個大隊（800〜850名）が守備しており、対戦車火器や機関銃、地面に埋設された戦車などで防御が固められていた。

　5月7日、ソ連第15戦車旅団のT-34戦車5両とT-60戦車10両が第51狙撃兵師団第1120狙撃兵連隊と第121工兵大隊と協同で、マヤキー町を襲い、町内に突入した。ところが、ドイツ軍が強力な迫撃砲射撃で迎え撃ってきたため、歩兵が戦車の後に続いてこなかった。ソ連第15戦車旅団の戦車は敵のⅢ号戦車3両と対戦車砲2門を破壊、将兵約50名を殺して後退した。旅団の損失は戦車5両（T-34戦車2両とT-60戦車3両）と兵1名であった。翌日、マヤキーにはさらに2個大隊のドイツ軍歩兵が到着し、その後のソ連側の攻撃も成功しなかった。5月11日には、KV戦車1両、T-34戦車2両、T-60戦車5両からなる第15戦車旅団は突如としてマヤキーの西方2kmの防御地帯を急襲し、損害も出さずに占拠した。ドイツ軍はここで、Ⅲ号戦車1両と対戦車砲7門を失い、300名に上る将兵が戦死、30名の捕虜を出した。

　1942年5月13日からマヤキー地区では、KV戦車4両、T-34戦車8両、T-60戦車20両、捕獲Ⅲ号戦車2両を保有するソ連第121戦車旅団が活動していた。その課題は、第51狙撃兵師団の配下部隊と協同で、マヤキーを南方から迂回することであった。この作戦はうまくいかずに中止され、この後第9軍司令官は強固な防御態勢を築くため、軍左翼の部隊を再編成し、バルヴェンコヴォ橋頭堡後方に予備兵力を創出することを予定していた。しかし、それは実施されず、

65：3.7cm対戦車砲を牽引するオーストリア製トラック、シュタイアーtype640が小川を渡っている。この車両は第16戦車師団に所属し、車体番号はWH167313である。1942年5月、東ウクライナ。（ASKM）
付記：シュタイアー 1.5tトラックtype640は、1937年から1941年にかけて生産された。シュタイアーM640 6気筒ガソリンエンジン（55馬力）を搭載し、最大速度は70km/hであった

　ソ連南方面軍部隊はバルヴェンコヴォ橋頭堡に次のように配置されていた。
　ソ連第57軍は正面80kmの前線で防御態勢をとり、第1梯団には第150、第317、第99、第351狙撃兵師団を配置し、最高総司令部予備から受領した3個砲兵連隊で補強していた。軍の予備部隊としては第14親衛狙撃兵師団があった。第57軍防衛地帯第1梯団の平均作戦密度は、1個師団あたりの前線20km、前線1kmあたり火砲及び迫撃砲4.6門であった。軍司令部は最前線から20km後方のミロリューボフカにあった。
　左翼部隊の再編成を続けていたソ連第9軍の防衛地帯の正面は96kmに及び、第341、第106、第349、第335狙撃兵師団が防御についていた。マヤキー地区では第51狙撃兵師団が、第30騎兵師団及び第333狙撃兵師団配下部隊と防御任務を交代しつつあった。第333狙撃兵師団のうち1個連隊（第1116）は、第51狙撃兵師団が交代した後、バルヴェンコヴォ地区へ所属師団の後を追って移動していった。ふたつ目の連隊（第1120）はまだ交代されておらず、マヤキー西方の戦区で防御を続けていた。3つ目の連隊（第1118）と第34騎兵師団は、バルヴェンコヴォ～ニーコポリ～ペトロフカの線に配置されていた。ソ連第78狙撃旅団は1個大隊を使って、マヤキー北方付近のドネツ川右岸を防御していた。マヤキーの東にこの旅団は小さな橋頭堡を持っていた。旅団の主力はドネツ川左岸の防御を担当し、第37軍の翼部に隣接していた。軍司令部はカーメンカにあり、前線から30km離れていた。
　狙撃兵師団5個と狙撃旅団1個、最高総司令部予備砲兵連隊5個か

66：水壕を渡るⅡ号戦車と8.8cm高射砲。1942年5月、南西部戦線。（RGAKFD）
付記：Ⅱ号戦車c～C型で、新型キューポラは取り付けられているが、増加装甲は取り付けられていないようだ。c～C型は1937年3月～1940年4月に1,113両が生産された。

　らなるソ連第9軍の平均作戦密度は、狙撃兵師団1個あたりの前線が19km、前線1kmあたりの火砲及び迫撃砲は9門であった。
　このほか、第9軍防衛地帯には、ソ連南方面軍司令官予備兵力をなす第5騎兵軍団（第60、第34、第30騎兵師団）と第12戦車旅団が配置されていた。これらの兵力をあわせると、ソ連第9軍防衛地帯の作戦密度は1個師団あたりの前線は10km、砲兵密度は前線1kmにつき火砲及び迫撃砲11～12門にまで上昇した。
　ソ連南西方面軍と南方面軍の連接部にあるナジェージドフカ～メチェビーロフカ～シャートヴォの地区には、南西部戦線総司令官予備の第2騎兵軍団（第38、第62、第70騎兵師団）が集結していた。
　5月17日5時の時点では、ソ連第9軍左翼部隊と南方面軍予備部隊はまだ再編成を終えていなかった。一部の部隊は新しい集結地区に移動中で、軍及び方面軍の司令部との十分な連絡は確保されていなかった。
　先にも指摘したとおり、ソ連第57及び第9軍の防衛陣地帯は、各集落周辺にそれぞれ数個の堡塁をひと組とする防御拠点を複数配置する方法で構築され、工兵設備は貧弱で、対戦車防御には不向きであった。師団の戦闘配置は重層的な梯団方式ではなく、連隊は前線一帯に1列横隊に展開されていた。各師団には第2線以降の梯団も予備兵力も欠如していた。それゆえ、防衛陣地帯の縦深は3～4kmを越えなかった。
　ソ連第57及び第9軍のこうした防衛態勢と工兵設備の貧弱さは、

67：攻撃発起地点に移動中の第3戦車師団所属の5cmL/60砲搭載Ⅲ号戦車J型。1942年5月、南西方面軍。(ASKM)

68：ロシアの道路を走るのは難儀だ！ ルフトヴァッフェ部隊に所属のフォルクスワーゲン社製自動車KFz.82の修理作業。1942年5月、南方面軍。(RGAKFD)
付記：いわゆるキューベルワーゲン。フォルクスワーゲンのシャーシに、箱型の軍用車体を取り付けた車体で、4×2だが機動力は良好だった。しかし、ロシアの悪路にはさすがにお手上げのようだ。

この戦区の防衛を堅固なものにすることはできなかった。その上、両軍の司令官とも、ドイツ軍の動きを防御活動と判断していた。近いうちにバルヴェンコヴォ橋頭堡に敵が攻撃を発起するという可能性は否定されていたのである。

　攻勢の準備と展開においてソ連軍に先を越されたドイツ軍司令部は、チュグーエフ突出部へ集結させようとしていた攻撃部隊の総力を、ソ連南西方面軍北部突撃集団との戦闘に振り向け、また一部を南部突撃集団との戦闘に割くことを余儀なくされた。ソ連北部突撃集団との戦いにはまた、チュグーエフ突出部の防御にあたっていた部隊のうちのかなりの兵力も割かれた。これらの兵力の規模は、歩兵師団約3個分（第71及び第305師団、第44師団1個連隊）と戦車師団2個分（第3及び第23師団）に上った。

　しかし、ドイツ軍の戦術的可能性はこれらの措置に限られるものではなかった。ドイツ軍司令部は5月16日時点の形勢下では、バルヴェンコヴォ橋頭堡攻撃に使用する北方部隊を、防御戦からすぐに解放することは期待できなかった。しかし、バルヴェンコヴォ橋頭堡南面に向かったところに大規模な兵力を配置していたため、イジュームに対して南から反撃を発起してソ連南西方面軍南部突撃集団の攻勢を頓挫させることを決定した。

　ドイツ軍の反撃の概要は、ロストフ及びヴォロシロフグラードの両作戦軸において限られた兵力で防御を続けながら、バルヴェンコヴォ橋頭堡の南面でふたつの方向から攻撃を発起するというものであった。そのひとつはアンドレーエフカからバルヴェンコヴォへ、もうひとつはスラヴャンスクからドールゲニカヤに向かい、その後は両反撃部隊が合流してイジュームを目指すこととされた。ドイツ軍司令部はこれらの攻撃をもってソ連第9軍の防衛を分断し、その配下部隊をバルヴェンコヴォ東方にて包囲殲滅することを期待した。その後は、ドネツ川に進出し、イジューム〜ペトロフカの地区で渡河し、攻勢をバラクレーヤに向かう全体の作戦軸に沿って拡大し、チュグーエフ突出部の防衛にあたっているドイツ第6軍部隊と合流して、ソ連南西部戦線のバルヴェンコヴォ部隊をすべて完全に包囲することを企図した。

　突破予定戦区での突撃部隊創設を目的とした部隊再編成にドイツ軍司令部が着手したのは5月13日、予備のルーマニア第20歩兵師団とドイツ第384及び第389歩兵師団の第17軍防衛地帯への鉄道輸送が完了した後のことであった。このときまでに、マケーエフカ地区には第16戦車師団が南方から派遣されてきていた。この戦区に集結したドイツ軍部隊は1個軍団と2個戦車軍団に統合された。

　ドイツ第1山岳狙撃兵師団、第100軽歩兵師団、第60自動車化師団、第14戦車師団、イタリアのバルボー戦闘団（混成旅団）からな

69：Ⅲ号指揮戦車（P.z.Bf.WgⅢ）が壕を乗り越えている。砲塔には白の塗料で書かれた「372」の番号が見える。1942年5月、東ウクライナ。（ASKM）

付記：Ⅲ号指揮戦車H型と思われるが、外装式防盾で、主砲も「生きている」ように見える。指揮戦車は敵に狙われやすいので、1942年半ば以降は通常の戦車がコンバートされるようになった。気になるのはエンジンデッキ上のフレームアンテナだが、荷物搭載用の枠のように見えるので、この車両は指揮戦車ではなく特殊な改造型なのかもしれない。

70：5cmL/42砲搭載型Ⅲ号戦車F型の乗員が砲のクリーニングを行っている。この車両は、ドイツ第16戦車師団に属している。1942年5月〜6月、南西方面軍。（RGAKFD）
付記：E型ないしF型で、上構前面に増加装甲板が取り付けられているのがわかる。

　る第3戦車軍団は、幅62kmの前線に展開した。軍団の主力は、ペトローフカ〜アンドレーエフカ〜グロモヴァーヤ・バールカ南方の幅21kmの前線に集中された。軍団第2梯団には第60自動車化師団とルーマニア第20歩兵師団の2個連隊が集結した。第68、第389、第384歩兵師団と第97軽歩兵師団、第16戦車師団から編成された第44軍団は、幅39kmの前線に展開した。軍団主力（第384歩兵師団、第97軽歩兵師団）は、幅11kmの攻撃発起線に並んだ。第2梯団には第16戦車師団（戦車約100両）が待機した。

　ドイツ第52軍団は主力（第101軽歩兵師団、第257歩兵師団2個連隊）を、ソーボレフカ〜マヤキーの9kmの攻撃発起線に配置した。第3戦車軍団と第44及び第52軍団は、第1戦車軍団司令官クライスト将軍の指揮下にあって、いわゆる「クライスト集団」を構成した。この集団の司令部はスターリノ市に置かれた。

　ソ連第9軍の第341及び第106狙撃兵師団連接部手前の正面20kmほどのペトローフカ〜ゴーロボフカ戦区に、ドイツ軍は5個に上る歩兵連隊と第14戦車師団所属の50両の戦車を集中させた。ソ連第9軍第335狙撃兵師団と第51狙撃兵師団の連接部にあたる幅21kmのクラスノアルメイスク〜マヤキー戦区には、ドイツ軍の12個歩兵連隊と第16戦車師団の戦車約100両が集結した。

　大兵力を狭隘な戦区に集結させたドイツ軍司令部は、バルヴェンコヴォ橋頭堡南面全体の作戦密度は比較的低いものの、突破地区では特に戦車と砲兵の戦力でソ連軍に対して大きな優勢を確保することができたのだった。

南方面軍第9及び第57軍の防御戦と南西方面軍突撃集団の攻勢続行（1942年5月17日〜20日）

ОБОРОНИТЕДЬНЫЕ БОИ 9 И 57-Й АРМИЙ ЮЖНОГО ФРОНТА И ПРОДОЛЖЕНИЕ НАСТУПЛЕНИЯ УДАРНЫХ ГРУППИРОВОК ЮГО-ЗАПАДНОГО ФРОНТА (17 ПО 20 МАЯ)

　5月17日深夜未明、ドイツ軍は部隊の再編成を完了し、攻撃発起位置についた。そして5月17日朝から攻撃に移った。午前4時から5時半まで準備砲撃と準備空襲が続けられ、それから歩兵と戦車が約400機の航空機の支援を受けながら攻撃を開始した。

　バルヴェンコヴォ橋頭堡ではソ連第341及び第106狙撃兵師団の連接部に対して、またスラヴャンスク〜ドールゲニカヤ方面では第51狙撃兵師団の正面と第335狙撃兵師団の左翼にドイツ軍の攻撃の矛先が向けられた。

　クライスト集団の右翼で戦っていたドイツ第357歩兵師団のある将校は、ドイツ軍の反撃開始を次のように描写している──「5月17日3時15分、第257歩兵師団の配下部隊が前進を始めた。その頭上ではシュトゥーカが唸りをあげ、ロシア軍の防御拠点や陣地に爆弾を投下していった。陸軍第616高射砲大隊の半装軌式牽引車搭載型20㎜高射砲がわれら歩兵に随伴していた。20㎜砲は、パンチでも繰り出すかのように砲弾を直接照準でソヴィエトの抵抗の巣窟に送り込んでいた。将兵はこの砲と、幾多の戦場をともに戦ってきた恐れを知らぬ砲手たちを気に入っていた。

　ロシア軍陣地の第一線は、爆弾と砲弾が降り注ぐ中で崩壊していった。しかしそれにもかかわらず、この地獄を乗り切ったソヴィエト兵の連中は、激しい抵抗を示してきた。第466擲弾兵連隊の陣地を射撃していたソヴィエトのある大隊は、最後の一兵となるまで粘りとおした。その陣地では450名のロシア人の死体が発見された」。

　ドイツ軍の反撃が始まるやいなや、ソ連第51及び第335狙撃兵師団の戦闘部隊は陣地から駆逐され、他の防御線にとどまらずに、ばらばらに別れて渡河施設の方に向かっていった。

　ドイツ軍の機動部隊は防御拠点や障害物を迂回しながら、ソ連軍各師団の側背を衝いてきた。8時までには、ソ連第9軍防衛正面にドイツ軍が反撃を発起した方面は両方とも突破された。ドイツ軍は、バルヴェンコヴォ方面では北に6〜10㎞、ドールゲニカヤ方面では4〜6㎞前進した。

　ここでドイツ軍の主攻撃の矛先となって前進していたのは、フーベ中将の率いる第16戦車師団であった。この師団は、ジーケニウス戦闘団（第2戦車連隊第2大隊）、クルムレン戦闘団（第2戦車連

隊第1大隊)、ヴィツレーベン戦闘団(強化工兵大隊)の3個の戦闘団に分かれて活動していた。

ドイツ空軍はこのときまでに、ドールゲニカヤにあったソ連第9軍の副指揮所と通信中継拠点を破壊した。この空襲でソ連第9軍参謀長が負傷した。ドイツ軍はさらに空襲を続け、第9軍の部隊統帥を完全に麻痺させた。13時には、第9軍司令官は作戦将校らとともにカーメンカの本指揮所に移動し、さらにそこからドネツ川左岸に移った。第9軍司令部のこれらの移動は、南方面軍参謀部に対する連絡も許可も受けずに行われた。第57軍の通信線も走っていたドールゲニカヤの有線通信中継所がドイツ軍に破壊され、そのうえ無線通信を完全には使いこなせなかったことから、ソ連南方面軍参謀部は配下のこれら両軍との連絡を絶たれ、第9軍司令官は戦闘の最も危険なときに部隊の統率を完全に失った。

ドイツ軍反撃部隊はソ連第9軍の前線翼部を引き裂いていき、正午にはバルヴェンコヴォとイジュームの両方面でソ連軍防衛陣地帯の奥深くに最大20kmまで斬り込み、バルヴェンコヴォ南端とゴーラヤ・ドリーナ地区で戦闘を繰り広げていた。この形勢の中、ソ連第9軍の各指揮官は戦闘活動を隣接部隊や軍と方面軍の予備部隊と連携させることができず、それぞれが孤立した戦いを余儀なくされた。

ドイツ軍はとうとうバルヴェンコヴォに突進してきた。1個連隊規模のドイツ歩兵が14両の戦車とともに、ソ連第106狙撃兵師団

71：第23戦車師団所属の7.5cm Kw.k.40/L43長砲身砲搭載Ⅳ号戦車F2型。1942年5月、南西方面軍。この型の戦車が実戦に投入されたのは、それこそ1942年5月のハリコフ戦が最初である。(ASKM)
付記：Ⅳ号戦車F2型は、Ⅳ号戦車の武装強化のため急ぎ開発されたもので、1942年3月〜7月に175両が生産され、F1型から25両が改装された。エンジンルーム上には不整地脱出用のソダ束が積まれている。

塗装とマーキング
SCALE 1:50

ソ連第5親衛戦車旅団のT-34/76戦車。1942年5月、南西方面軍。

第84戦車旅団に配備されていたT-34/76戦車1942年生産型。1942年5月、南西方面軍。

第121戦車旅団のT-60戦車。1942年5月、南方面軍。旅団章は砲塔右側面にのみ付けられている。

ソ連第13戦車旅団のBT-2快速戦車機関銃型。1942年5月、南西方面軍。

マリウーポリ工場製の砲塔を搭載したBT-5快速戦車。第133戦車旅団所属。1942年5月、南西方面軍。

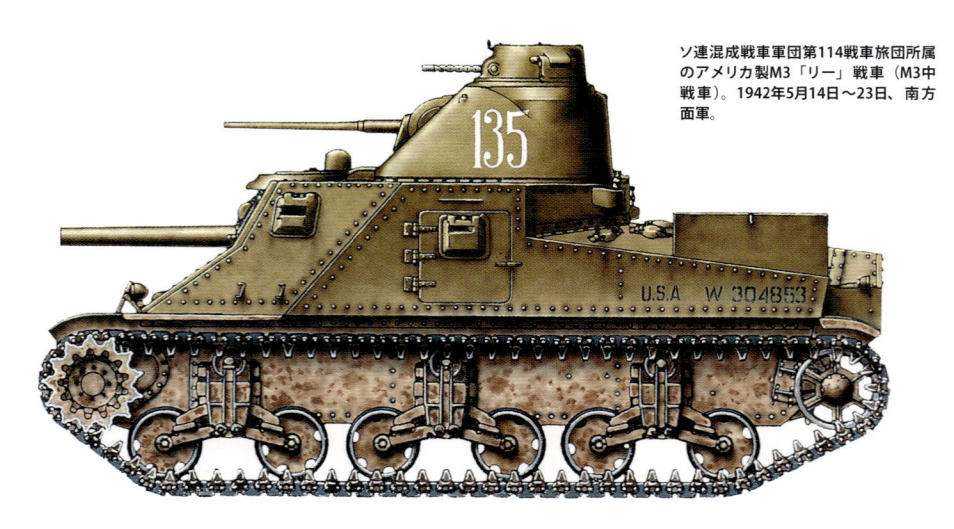

ソ連混成戦車軍団第114戦車旅団所属のアメリカ製M3「リー」戦車（M3中戦車）。1942年5月14日～23日、南方面軍。

ドイツ第3戦車師団ツィーアーフォーゲル（Ziervogel）戦闘団のⅡ号戦車C型。1942年5月、南西方面軍。

ドイツ第3戦車師団のⅢ号戦車G型。1942年3月、南西方面軍。初期の暗い灰色の表面が、より明るい灰色に塗り替えられている。

ドイツ第23戦車師団第1大隊のⅢ号戦車J型。1942年5月、南西方面軍。白色の車体番号506は、塗りつぶされた番号24の上に付けられている。白の冬季迷彩の痕が見える。

ボーチキン戦闘団第38戦車旅団所属の歩兵戦車Mk.Ⅱ マチルダ。1942年5月、南西方面軍。

第6親衛戦車旅団配下のチェルヴォーナ政治委員中隊のKV-Ⅰ重戦車1941年生産型「ザ・ロージヌ」号。1942年5月、南西方面軍。

第442連隊第8中隊を襲った。第8中隊のミナーエフ中隊長の指揮下、ソ連兵は敵の猛攻をしっかり受け止め、粘り強く戦った。ドイツ軍は8両の戦車を失って攻撃に失敗し、午後になってこの中隊をヴィクニノの側から迂回し始めた。

17時までに、ドイツ軍はソ連第333狙撃兵師団1個連隊と第34騎兵師団の配下部隊の抵抗を打ち砕き、バルヴェンコヴォを占拠した。ただし、スホーイ・トレーツ川に守られる北西部分では、ここに後退してきたソ連第341狙撃兵師団の部隊、それに第333狙撃兵師団第1118連隊が防戦を続けていた。この後ドイツ軍は、スホーイ・トレーツ川の両岸に沿って、東に移動しだした。ソ連第34騎兵師団はスホーイ・トレーツ川から北に撤退を開始し、この日の終わりには第106狙撃兵師団の撤退部隊とともに防御態勢を整え、ドイツ軍がイジュームに進む道を遮断した。

バルヴェンコヴォ市近郊と市内での防御戦闘では、ソ連第333狙撃兵師団第897砲兵連隊が並外れた勇猛さを発揮した。敵戦車がバルヴェンコヴォに接近してきたとき、最初に砲火を開いたのはパローヒン上級中尉の大隊だった。ドイツ戦車群は先頭車両を破壊されたため、縦隊全部の前進を停止せざるをえなくなった。その時、ソ連軍砲兵大隊はすべての火砲から嵐のような砲撃を開始し、さらに9両のドイツ戦車を戦闘不能に陥れた。

パローヒン大隊の火砲がバルヴェンコヴォ南端に射撃陣地を構えたとき、ドイツ戦車群はすでに市内にあって、この大隊射撃陣地を迂回しだした。今度はスホノース軍曹の砲撃班が直接照準射撃で戦車4両を破壊し、他の戦車は逆方向に進路を変えることを余儀なくされた。

ソ連第9軍左翼ではドイツ軍突撃部隊が14時にはドールゲニカヤ〜ゴーラヤ・ドリーナ地区に進出した。個々の戦車群と戦車や自動車に乗ったドイツ歩兵が東西両方向から現れてきて、ソ連第5騎兵軍団配下部隊とドネツ川の渡河施設を手中に収めようとした。しかし、これらの企図は成功しなかった。

1942年5月17日の時点で、ソ連第9軍第12、第15、第121戦車旅団は52両の可動戦車を保有していた（KV戦車6両、T-34戦車18両、T-60戦車25両、捕獲Ⅲ号戦車3両）。この日の半ば、ドイツ軍の反撃が始まって数時間が経った頃、ソ連第15及び第121戦車旅団間の通信連絡が復旧し、両旅団の司令部はその後の行動を連携させることができた。第12戦車旅団（KV戦車2両とT-34戦車8両）は、第5騎兵軍団司令部とだけ連絡できる状態にあった。

ソ連第121戦車旅団の戦車（KV戦車3両、T-34戦車8両、T-60戦車20両、Ⅲ号戦車3両）は、フレスチーシチェ東方にある森の外れに移され、そこで待ち伏せしていた。第15戦車旅団（KV戦車1両、

72：アンテナを開いたIII号指揮戦車E型。1942年5月～6月、南西方面軍。(RGAKFD)
付記：III号指揮戦車E型は、E型の武装を撤去して無線機その他所要機器を搭載していた。1939年7月～1940年2月に45両が生産された。

T-34戦車2両、T-60戦車5両)は、フレスチーシチェ～グルボーカヤ・マコトウイハの方面で敵に反撃を加える命令を受領した。戦車と自動車化歩兵はフレスチーシチェの南端に進んで第121旅団の戦車と合流し、以後行動をともにした。

　ニコーリスコエに行軍中だった、戦車40両とトラック50両からなるドイツ軍縦隊はソ連戦車に遭遇し、予定のコースから外れざるをえなくなった。この後、ソ連第15及び第121戦車旅団の戦車はもうひとつのドイツ軍自動車縦隊をフレスチーシチェの南で追い散らした。

　自ら戦いを仕掛けたソ連第5騎兵軍団の配下部隊は、ドイツ軍をドールゲニカヤ地区から駆逐した。ドネツ川の渡河施設に進出しようとするドイツ軍の試みは、第333及び第51狙撃兵師団の部隊に迎撃された。

　ソ連南方面軍参謀部がドイツ軍の反撃開始を知ったのは当日の午後、ドイツ軍がすでにソ連軍防衛線の突破を実現しつつある頃だった。ソ連南西部戦線参謀部にこの件が報告されたのはさらに遅れて、ソ連第9軍の前線の随所に突破口が開けられた夕暮れのことであった。バルヴェンコヴォ北西部の右翼ではソ連第341狙撃兵師団配下

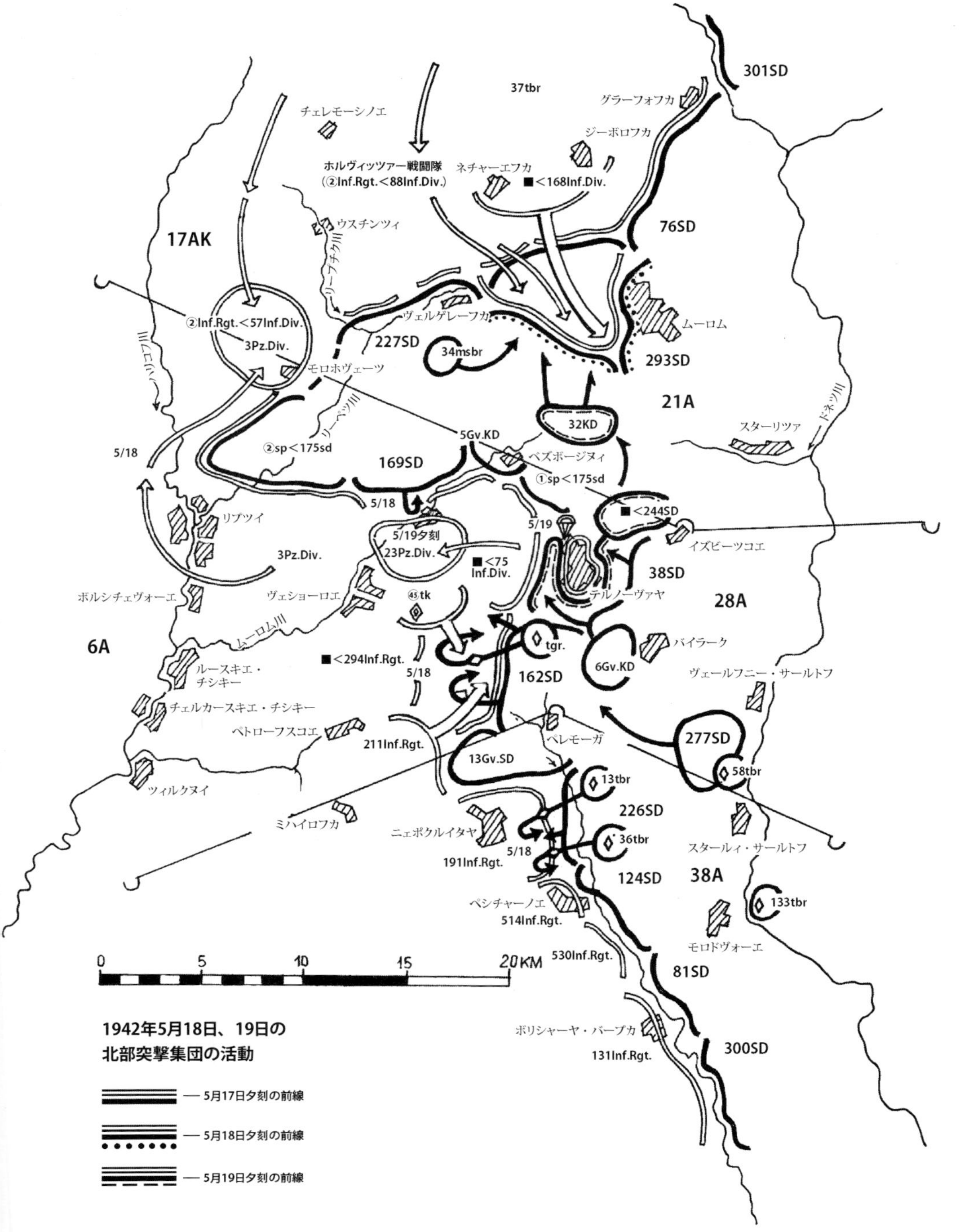

1942年5月18日、19日の北部突撃集団の活動

部隊と第333狙撃兵師団第1118連隊が戦闘を続けていた。その先のバルヴェンコヴォとイリイチョーフカ国営農場の間には、前線にソ連軍部隊のいない隙間ができてしまった。

ソ連第57軍の右翼と中央部の部隊は今までの防衛線に残留していた、第9軍との連接部では翼部が北に折れ込んでしまった。第57軍第351狙撃兵師団の左翼は、そこに後退してきたソ連第9軍第341狙撃兵師団の配下部隊が防御にあたっていた。

ソ連第57軍と第9軍の連接部にも、ソ連軍部隊のいない、幅20kmの隙間が生まれた。第57軍部隊の防衛地帯の奥深く、バルヴェンコヴォの西方及び北西には、ソ連南西部戦線総司令官予備をなす第2騎兵軍団が集結していた。第57軍司令官の手元には、第14親衛狙撃兵師団の2個連隊が予備として残されていた。これらの部隊は前進や戦闘突入を指示する司令部からの命令は一切受領せず、1日中場所を移動しなかったため、第57軍と第9軍の連接部の形勢には何の影響も与えなかった。この日の終わりにこれらソ連軍予備部隊がいた場所は、前線から18〜28km離れていた。

ドイツ軍の航空部隊は地上軍を支援しながら、約2,000回の戦闘出撃を行った。他方、ソ連南方面軍航空隊はこの日はきわめて消極的で、全部で67回の出撃しかしなかった。

ソ連南方面軍司令官は、第9軍の防衛線がドイツ軍に突破されたとの報告を受けた後、自らの予備兵力である第5騎兵軍団を第9軍司令官に与えることを決め、リシチャンスク地区から第296狙撃兵師団と第3戦車旅団を自動車と鉄道を使って至急派遣し、第9軍司令官の指揮下に置くよう命じた。

南方面軍司令官の報告により、ソ連南西部戦線総司令官は南方面軍に予備の第2騎兵軍団を与え、第2及び第5騎兵軍団と第14親衛狙撃兵師団（第57軍予備）の兵力をもって、ドイツ軍突破部隊を殲滅し、形勢を立て直すよう命じた。

しかし、これらすべての命令は、作戦予備部隊の移動を除き、5月17日の終わりまでに遂行することはできなかった。すでにこのとき、南方面軍の前線の最も近くにいたソ連第5騎兵軍団部隊は、ばらばらに防御戦闘を行っていたからである。その上、ソ連第9軍司令官は部隊の統帥能力を完全に失い、第57軍と第9軍の行動を連携させたり、予備部隊の戦闘行動を指揮したりすることもできなかった。ソ連南方面軍参謀部と第9軍指揮所との連絡がつながったのは、5月17日もようやく24時を回ろうとする頃であった。

他方、南方面軍右翼部隊は厳しい防御戦闘を繰り広げ、ソ連南西方面軍のふたつの突撃集団は攻勢を拡大し続けていた。5月17日深夜未明、ソ連第6軍の配下部隊によって、ベレストヴァーヤ川にかかる3本の橋が復旧された。戦車軍団の戦闘開始準備も完了した。

73：渡河中のⅢ号突撃砲、1942年5月末。

5月17日5時、タラーノフカ方面でソ連第21戦車軍団が前進を始めた。第23戦車軍団はベレストヴァーヤ川の渡河を終え、8時には全体の作戦軸に沿って、ノーヴァヤ・ヴォドラーガに向けて攻撃に移った。ドイツ軍司令部は5月17日に、クラスノグラード方面で活動している全航空部隊をクライスト集団の攻勢掩護に振り向けた。この結果、ソ連南西方面軍南部突撃集団の攻勢地帯におけるドイツ空軍は急速に活発さを失った。

ソ連第21戦車軍団はドイツ軍の抵抗を退けながらタラーノフカを獲得し、この日の終わりにはシューリノ〜ゼリョーヌィ・ウゴロークの線に進出した。第23戦車軍団はこのときまでに北西に15km前進し、ハリコフ〜クラスノグラード間の鉄道連絡を遮断した。

戦車軍団の首尾良い活躍のおかげで、ソ連第6軍のすべての部隊はこの日6〜10km進むことができた。軍右翼では第253狙撃兵師団が第37戦車旅団と共にズミーエフ市に到達した。

ボープキン戦闘集団はこの日1日中は、今までの目標であるクラスノグラードの獲得におもな努力を傾けていた。退却する敵の後にぴったりくっついて市内に突入することができなかったため、ソ連第6騎兵軍団部隊はこの都市を巡る困難な戦闘に引きずり込まれてしまった。戦闘集団の先頭部隊と後方基地との距離は、5月17日には190kmに達した。兵站機関は騎兵軍団に適宜必要物資、何よりもまず弾薬を供給するという課題を果たすことができなかった。他方のドイツ軍は弾薬を限りなく保有していた。なぜならば、クラスノ

74：撃破されたドイツのⅢ号戦車を遮蔽物として利用したソ連軍の観測所。この戦車の誘導輪からして、H型かJ型と思われる。戦車のフェンダーには大隊章と通信小隊の識別章がついている。1942年5月、南西方面軍。(RGAKFD)

グラードはドイツ軍の後方備蓄基地であったからである。これらすべての要素は、戦闘集団司令官をしてクラスノグラード強襲を断念し、弾薬補充作業の開始を強いた。戦闘集団のほかの戦線では、配下部隊はわずかな前進を示したのみであった。

ソ連南西方面軍北部突撃集団の5月17日の戦闘活動は、南部の戦況とは関係なしに進んでいった。しかし、それもまた最初から、5月16日の南西方面軍司令官の決定から大きく逸れていったのである。

5月17日深夜未明、ソ連第38軍司令官は軍左翼部隊が5月17日朝に予定されている攻勢の準備ができていない旨報告し、攻勢開始を1日遅らせる許可を得た。その一方で、南西方面軍司令官は第28軍と第38軍右翼部隊に対しては、5月17日朝から攻勢を開始せよとの自分の命令を有効のままにしておいた。

ソ連第28軍司令官は方面軍司令官の命令を実行せず、限定的な課題の遂行のために軍の全兵力を結集する代わりに、兵力を分散させた。南西方面軍司令官の命令では、第169狙撃兵師団はその正面全域にわたって攻撃を西方に発起し、第244狙撃兵師団の攻撃は南西に向かうはずであった。しかし、両師団間の連携も、第162狙撃

兵師団との連携も確保されておらず、方面軍司令官が指示していた増強手段も第162師団はまったく受領できなかった。

　ソ連軍第6親衛戦車旅団司令官は、同旅団のほかに第57及び第84戦車旅団の残存兵力を統合した混成戦車集団の司令官に任じられた。その保有する戦車は全部で70両を数えた。ソ連軍混成戦車集団の攻撃方向は、第162狙撃兵師団の攻撃方面ではなく、第244狙撃兵師団と第162狙撃兵師団の連接部となっていた。

　ソ連軍兵力の再編成は、攻勢開始を遅らせた。第28軍司令官の命令で、攻勢開始日時は5月17日7時30分とされた。しかし、ドイツ軍はソ連第28軍の機先を制して、6時に攻勢に移ったため、第28軍部隊は攻撃の代わりに厳しい防御戦闘を強いられた。ドイツ軍は、ブライト戦車集団（第3および第23戦車師団）と第71歩兵師団の兵力による主攻撃をヴェショーロエ地区からアラーロフカ～プロースコエ～ムーロムに向かう軸に沿って発起し、また、第168歩兵師団による補助攻撃をやはりムーロム方面に開始した。ドイツ軍はこの他、ニェポクルイタヤ地区からも第71歩兵師団第191歩兵

75：ドイツ製3.7cm対戦車砲と砲兵班の残骸。1942年5月15日、南西方面軍、ゴロドニャンスキー将軍の第6軍攻勢地帯。（ASKM）
付記：3.7cm対戦車砲Pak35/36は戦前のドイツ軍の標準的対戦車砲であったが、独ソ開戦後のソ連新型戦車に対しては無力で、ドアノッカーとか聴診器とかのニックネームがつけられた。

76

77

76、77：撃破された5cmL/42砲搭載III号戦車F型。1942年5月、南西方面軍。(ASKM)

78、79：ウクライナの農村に遺棄されたドイツ軍の21cm重砲。1942年5月、南西方面軍、ゴロドニャンスキー将軍指揮の第6軍攻勢地帯。(ASKM)
付記：21cm臼砲M18。1939年よりドイツ軍での運用が開始されたが、17cmk18カノン砲に運用が統一され、1942年に生産が停止した。写真は運搬状態で、分解された砲身部分である。

連隊に戦車の増援をつけて攻撃を始めた。

　ソ連第28軍に対するドイツ軍の攻撃は、第244狙撃兵師団にとっては予想外の事態であった。このソ連軍師団の一部は強力な敵戦車の攻撃に堪えきれず、北東方向に後退し始め、右隣の部隊の後方を露出させながらムーロムに退いていった。

　ドイツ軍の戦車と歩兵はテルノーヴァヤに到達し、そこで包囲されていた友軍守備隊を解放し、残っていた戦車に燃料と弾薬を補給して、さらに攻撃を東方に拡大していった。この攻撃は、ソ連第38狙撃兵師団の配下部隊をテルノーヴァヤから2〜3km退却させた。その結果、ソ連第169狙撃兵師団は5〜8km北方に後退せざるをえなくなり、第2梯団として待機していた第5親衛騎兵師団と並んで防御を構えることとなった。

　ソ連第5親衛騎兵師団と第175狙撃兵師団1個連隊が頑強な抵抗

を示した結果、ドイツ軍の進撃はムーロムで停められた。ドイツ軍がソ連第169及び第244狙撃兵師団の部隊を押しやっていた頃、第162狙撃兵師団は攻撃に転じて、ムーロムに向かって攻勢を拡大させつつあったドイツ軍部隊の翼部に襲いかかった。ドイツ軍は一部の戦車を、テルノーヴァヤ地区からソ連第162狙撃兵師団の後方に向きを変えさせた。ところが、この戦車群は、ヴェショーロエに向かっていたソ連混成戦車集団の攻撃を受けて大きな損害を出し、さらにソ連第5親衛騎兵師団の対戦車砲にもやられて、後退を余儀なくされた。

これらの戦闘で首尾良い活躍を見せたのが、ソ連第6親衛戦車旅団の戦車兵たちであった。G・フォーキン上級中尉の戦車中隊（KV戦車3両）はドイツ戦車11両を破壊し、しかも中隊長自らこのうちの6両を撃破したのだった。

5月17日の戦闘は非常に緊迫した状況の中で推移し、それは有線、無線連絡がしばしば途切れたことによってさらに複雑化した。たとえば、ソ連第28軍司令官と第169及び第244狙撃兵師団との通信連絡は、5月17日朝の時点ですでに途絶え、この日の戦闘が終わるまでついに復旧されずじまいだった。

戦況が不明なこと、しかも必要な戦車支援がなかったことは、ソ連第162狙撃兵師団と第13親衛狙撃兵師団の攻撃速度に影響した。5月17日の戦闘の末に両師団が前進した距離はわずか2〜3kmにすぎず、ボリシャーヤ・バーブカ川西岸に沿った高台を結ぶ線を押さえて、進撃を止めた。

5月18日深夜、甚大な損害を出したソ連第244狙撃兵師団は態勢立て直しのために後送された。ソ連第162狙撃兵師団と第169狙撃兵師団の中間を守っていたのは、事実上第5親衛騎兵師団のみであった。

ソ連第21軍突撃部隊の右翼に対するドイツ第168歩兵師団によるムーロム方向への攻撃は成功せず、第293狙撃兵師団の部隊によって食い止められた。しかし、ソ連第21軍突撃部隊の翼部を襲うというドイツ軍の試みは、ソ連南西方面軍司令官が第21軍を使ったその後の攻勢を中止し、その突撃部隊をクラースナヤ・アレクセーエフカ〜プイリナヤの線に移動させることにつながった。ソ連第38軍の右翼に対するドイツ軍の攻撃は失敗し、第38軍はこれまでのボリシャーヤ・バーブカ川西岸沿いの線を守り続けていた。

5月17日の終わりに、ソ連南西方面軍参謀部には第38軍偵察部隊が捕獲した敵の秘密資料に関する情報が届いていた。この秘密資料から、ドイツ軍司令部が5月11日からドイツ第3及び第23戦車師団と第71歩兵師団を使ったバラクレーヤ地区から南東のサーヴィンツィとイジュームに向けた攻撃の準備に着手しようとしたこと、

80：第14戦車師団第36連隊本部に所属するⅡ号戦車。師団章と戦術番号は黄色で描かれている。1942年5月、南西方面軍。（ASKM）
付記：Ⅱ号戦車c～C型で、砲塔前面には20mmの増加装甲板が取り付けられている。

　そしてこの攻撃が5月15日から20日の間に開始されるべきだったことが判明した。
　これらの文書はすでに5月13日に入手されていたにもかかわらず、ソ連第38軍作戦部に届けられたのはようやく5月17日のことであった。文書の内容が軍司令官によってソ連南西方面軍参謀長に直通連絡で報告されたのは、5月17日22時であった。
　バルヴェンコヴォ橋頭堡南面で発起されたドイツ軍の大戦車部隊による攻撃の事実とこれらの文書を照らし合わせた結果、ドイツ軍司令部の企図はソ連南方面軍部隊への攻撃に留まらず、南西方面軍の攻勢を頓挫させ、バルヴェンコヴォ橋頭堡の奪取を目指しているとの結論が導かれた。また、ドイツ軍司令部はドイツ南方部隊の活動をサーヴィンツィとイジュームに向けた北からの攻撃によって支援しようと努めていることも明白であった。
　ソ連南西部戦線総司令官のS・チモシェンコ元帥も同様の結論に至り、予定されていた第38軍左翼の攻勢を取りやめ、同軍司令官に対してサーヴィンツィ方面に堅固な防衛態勢を至急構築するよう命じた。チモシェンコ総司令官はソ連第9軍を近在の予備兵力で補強するばかりでなく、当初第38軍の攻勢拡大のために使用予定で

あった部隊でイジューム地区のドネツ川渡河施設への近接路を守らせた。また、バルヴェンコヴォ橋頭堡の奥深くには強力な戦車部隊を集結させ、橋頭堡にあるソ連南西方面軍突撃集団の後方線にまでドイツ軍部隊が進出するのを防ぎ、突入してきた敵を殲滅し、ソ連南方面軍第9軍の形勢を回復させようとした。

この目的で、ソ連南西部戦線総司令官予備として第38軍左翼の背後に待機していたソ連第343狙撃兵師団と第92戦車大隊、対戦車銃大隊は、ドネツ川を右岸に渡河し、イジュームへの南側近接路に防御を構えるよう命じられた。

ソ連第6軍司令官に対しては、第23戦車軍団を戦闘から外してベレーカ川の線に急派し、そこで第57軍司令官の指揮下に入れるよう下命された。また、戦車軍団の移動は5月18日中に完了すべきこととされた。しかし、この指示がソ連第6軍司令官に無線で伝達されたのは、5月18日0時35分のことであった。

ソ連軍最高総司令部は敵の反撃開始に関する報告を受けて、ソ連南西部戦線総司令官に南方面軍右翼の補強のためにヴォロシロフグラード方面から第242狙撃兵師団を移動させることを許可し、自らの予備兵力から第278狙撃兵師団と第156及び第168戦車旅団を抽出して与えた。戦車旅団は5月20日朝、狙撃兵師団は5月21日〜23日に到着することが期待された。

ソ連軍北部攻勢戦区で行動している諸部隊への戦闘指令は、5月18日から作戦中止にいたるまで、ソ連南西方面軍の司令官自身か参謀長が各軍司令官に対する、通常は口頭の（直通連絡による）個々の指示を出す形で発令されていった。

入手した文書からすると、ドイツ軍司令部はできるだけ早くにソ連南西方面軍北部突撃集団に対する作戦を終了させ、そこで行動中のドイツ第3及び第23戦車師団を、引き続き予定されているイジュームへの攻撃のためにチュグーエフ守備隊の増援に派遣したがっていた。それゆえ、ソ連南西部戦線総司令官の措置は、ドイツ軍のこの策略を許さず、ソ連第28及び第38軍の限られた兵力を駆使して敵を撃滅することに向けられていた。

ソ連南西方面軍司令官の指示によれば、この両軍は5月18日朝から攻撃を再開しなければならなかった。ソ連第28軍は第169及び第162狙撃兵師団の集中攻撃によって、ヴェショーロエ〜アラーポフカ〜プロースコエ〜テルノーヴァヤ地区のドイツ軍部隊を殲滅することになっていた。

作戦のこの段階においてはソ連第162狙撃兵師団が戦車部隊と協同で主役を担わなければならなかった。ドイツ軍部隊の殲滅は、ソ連第162狙撃兵師団地区に第277狙撃兵師団と第58戦車旅団を投入することによって完了させることが想定されていた。第32騎兵師

81：第84戦車旅団のT-34/76戦車1942年型は植林帯に配置され、攻撃を待機していた。

団1個連隊の増援を受けたソ連第38狙撃兵師団は、テルノーヴァヤのドイツ軍防御を粉砕し、この拠点を奪取せよとの課題を受領した。

ソ連第28軍と時を同じくして、第38軍もその右翼で攻撃に転じ、ニェポクルイタヤとペシチャーノエの集落の制圧を目指さなければならなかった。この課題を遂行するため、戦闘活動中のソ連第266及び第124狙撃兵師団は、兵器の補充を受けて総数71両の戦車を保有する2個戦車旅団（第13及び第36）で増強された。戦車旅団は兵器資材を5月17日の日中と18日深夜未明にかけて受領したが、乗員は、特に小隊レベルでは連携行動の訓練がなされていなかった。

このように、ソ連南西部戦線総司令官は、全体的に見て、敵の企図を考慮した作戦状況の正確な評価に基づいた決定を行った。しかし、北部突撃集団の行動に関する決定においては、ドイツ軍チュグーエフ守備隊の実情を計算に入れていなかった。5月17日時点のドイツ軍チュグーエフ守備隊は、南方への補助的な攻撃を発起するどころか、ソ連第38軍左翼部隊が攻撃を開始すれば全滅の危機に脅かされるところであった。

5月18日朝、クライスト集団はバルヴェンコヴォ地区からヴェリーカヤ・カムイシェヴァーハとマーラヤ・カムイシェヴァーハ方向、それにドールゲニカヤ地区からイジュームとストゥジェーノクに向けた攻撃を再開した。ドイツ戦車師団群の戦車100両に上る主力はイジュームを攻撃した。

ソ連第5騎兵軍団と第333及び第51狙撃兵師団に対して兵器の数

82

82：ドイツ軍の大破した1t牽引車10号デマーグD-7型Sd.kFz.10（車体番号WH636889）。1942年5月、南西方面軍。（ASKM）
付記：デマーグD-7は2cmFlak38や3.7cmPak35/36の牽引に用いられ、1937年から1944年までに約2万5,000両が生産された。また、そのシャーシはSd.kFz.250のベースとなった。

　で優るドイツ軍部隊は、ソ連第60騎兵師団と第30騎兵師団との連接部の防御を破り、攻勢を北方に拡大しながら、午前10時にはカーメンカ、マーラヤ・カムイシェヴァーハの集落とイジューム市南端を制した。

　ソ連第30騎兵師団の配下部隊と第12、第15、第121戦車旅団及び第51狙撃兵師団の残存兵力は後退戦闘を行いながらドネツ川に向かい、そこで防御戦闘を続けた。

　ドイツ軍は5月18日、それぞれ12両の戦車を有する2個の部隊をドールゲニカヤ地区から出発させ、再びソ連第12戦車旅団を攻撃させた。その後、援護のために戦車12両と砲10門を残し、戦車80両と装輪車両70両に上る主力部隊をもって北方のイジューム地区への前進を続けた。ドイツ軍歩兵がソ連戦車を渡河地点から分断したとき、ソ連第12戦車旅団司令官は戦車を破壊して、乗員は泳いで渡河させることを決断した。

　ソ連第15及び第121戦車旅団は、ボゴロージチノエ～ストゥジェーノクの渡河施設につながる近接路で遅滞戦闘を繰り広げていた。両戦車旅団はそれぞれ独自に戦闘を行っていた。というのも、5月17日～18日の深夜にかけて歩兵部隊はばらばらに別れて、ドネツ川を北岸に渡り去っていたからだった。

　この戦闘では、ソ連第51狙撃兵師団と第30及び第60騎兵師団、それにこれら師団に所属する砲兵連隊が勇猛な戦いぶりを見せた。

83：ドイツの21㎝重砲が赤軍に捕獲され、トラクター S-60によって後方に牽引されている。1942年5月、南西方面軍。(ASKM)

　ソ連第51狙撃兵師団第348連隊のある中隊の政治将校（氏名不詳）は15名からなる兵を率いて、ボゴロージチノエ北方の渡河施設で敵の猛攻を10時間にわたって耐え忍んだのだった。ようやく5月19日未明に命令を受領した後に、将兵たちは陣地を放棄し、この英雄の遺体を担いでドネツ川を左岸に渡っていった。

　ストゥジェーノク地区ではソ連第51狙撃兵師団と第30騎兵師団の配下部隊が小さな橋頭堡を固守していた。ドイツ軍の歩兵と戦車の激烈な攻撃が次々と繰り返された。ソ連第30騎兵師団第138騎兵連隊騎兵機関銃中隊はこの日の戦闘で380名のドイツ軍将兵を射殺した。夕暮れの訪れとともにソ連部隊はバンノーフスコエ南部とボゴロージチノエを放棄し、ドネツ川左岸に後退した。

　これらのソ連軍部隊が頑強に抵抗した結果、ドイツ軍はストゥジェーノク～イジューム地区でドネツ川を渡河することができなかった。そのため、イジュームに進撃していたドイツ軍戦車部隊は進路を変更し、ドネツ川右岸に沿って西進を始めた。

　ドイツ軍は主力部隊の進路をイジュームから西に転じたことにより、ソ連第5騎兵軍団の他の部隊とそれに合流した第106、第349、第335狙撃兵師団残存部隊を渡河施設から遮断した。しぶとく防御戦闘を続けていたこれらのソ連部隊に向けて、ドイツ軍司令部は第2梯団から第389歩兵師団の新鮮な戦力を送り込んだ。ソ連第5騎兵軍団部隊は抵抗を続けながらも、北西方向に退いていった。

ドイツ軍の機動戦力がソ連第9軍防衛地帯の奥深くに急進したため、ソ連第9軍の飛行場と、イジューム及びペトローフスカヤにあった第6軍の飛行場が危険に脅かされた。これらの飛行場を緊急避難させようとしたため、5月18日の南方面軍航空隊は戦闘の推移に大きな影響を与えることはできなかった。この日のソ連第9軍航空隊の出撃回数はわずか70回であった。

　5月18日の夕刻まで、ソ連第57軍の右翼と中央部の部隊はそれまでの形勢を維持し続けていた。同軍の左翼では突破地区に前進してきたソ連第14親衛狙撃兵師団と第2騎兵軍団の部隊が遅滞戦闘を展開していた。

　この時点でもはや、ソ連第9軍には連綿と続くひとつながりの前線というものは存在しなかった。防御戦闘は分散された兵力で行われ、ソ連軍司令部の統帥は及ばなかった。

　5月18日にフォン・ボック元帥は自分の日記に書いている——「クライスト集団の攻勢は非常にうまく進行しており、イジューム南方とベレーカ川下流の高地に到達した。ハルダーがクライストの攻勢を西に転ずるべきだと言ったとき、私はベレーカ川の渡河施設が我々の掌中に落ちないうちはそのような針路変更は不可能だと反論した。攻勢の目的は、私の見方では、第8軍団の負担を軽減するだけでなく、イジューム突出部にいる敵を殲滅するものでなければならない」。

　ソ連第6軍作戦部の作業のまずさから、第23戦車軍団を戦闘から外すよう指示するソ連南西部戦線総司令官の命令はかなり遅れて実行に移されたため、ソ連第6軍の攻勢は5月18日の朝からこれまで

84、85：トラクターS-65が、捕獲したIV号戦車F1型を後方に牽引している。1942年5月、南西方面軍第38軍。（RGAKFD）
付記：砲塔後部の雑具箱は半分破壊されたようになっている。また、車体後部に取り付けられたボックスが、あまり見ない形状をしている。

84

通りの部隊編成とこれまで通りの戦闘課題に基づいて継続されていた。ソ連第23戦車軍団は5月18日の正午まで、第266狙撃兵師団の部隊と連携した攻撃を続けていた。

ドイツ軍はこの日1日中、ソ連第6軍に対して戦線の全域で粘り強い抵抗を続け、獲得した線を持ち堪え、ソ連軍部隊がムジャー川に進出するのを防ごうとしていた。

正午にソ連第23戦車軍団は攻勢を中断したが、それは軍団を別の方面へ転戦させる命令を受領したからだった。12時に、つまりチモシェンコ元帥が命令を下してから12時間が経過した時に、軍団司令官は戦車旅団2個を戦闘から外し始めた。

ソ連第21戦車軍団は5月18日は、ジュグン～クラースヌィ・ギガント国営農場の線にあるドイツ軍の防衛線を突破することに丸1日を費やした。この日の終わりにはこれらの集落を獲得し、ボルキーを巡る戦闘を始めた。

ボープキン戦闘集団もまた、決定的な成果を上げることができなかった。ソ連第6騎兵軍団は第7戦車旅団とともにクラスノグラードを完全包囲し、市街戦を展開していた。ソ連第323狙撃兵師団はボグダーノフカとオギーエフカを奪取し、5月18日中この線で戦闘を続けていた。第270狙撃兵師団の形勢にも変化はなかった。

バルヴェンコヴォ橋頭堡の戦況は全般的に、5月18日の戦闘の中でさらに複雑化していった。

先にも書いたとおり、進撃の足を停めずにドネツ川を渡河する試みが失敗したドイツ軍司令部は、突撃部隊の主力の前進方向をイジュームから西に変更した。これは、川の左岸を防御するというソ連

86：敵への直接照準射撃の準備を整えた45㎜対戦車砲。1942年5月、南方面軍。（ASKM）
付記：45㎜対戦車砲は、ドイツの3.7㎝対戦車砲をそのまま拡大発展させたもので、1932年より生産された。装甲貫徹力は900mで38㎜（30°傾斜の装甲板）である。

　軍部隊の課題を軽減した。しかしそれと同時に、ソ連第57軍の翼部ではきわめて緊迫した状況が生まれ、そこに第23戦車軍団が到着するよりも先にドイツ軍がベレーカ川を渡河してしまう恐れが現実的になった。

　このような条件下でソ連南西部戦線総司令部は、第248狙撃兵師団と第21戦車軍団を第6軍の編制から自らの予備に移し、ミハイロフカ〜ロゾーフスキー〜ロゾヴェーニカの地区に転進させることを決定した。軍団の2個戦車旅団はこの地区に5月19日の暮れまでに集結を完了し、3個目の旅団と狙撃兵師団はそれより1日遅れで到着することとされた。

　S・チモシェンコ元帥の命令では、ソ連第343狙撃兵師団は5月19日深夜未明に敵をイジューム南部から駆逐し、第5騎兵軍団と連携してドネツ川の渡河施設を掩護し、イジューム南方の近接路で防御を固めなければならなかった。

　ソ連第296狙撃兵師団配下部隊と第3戦車旅団は、ストゥジェーノク地区の橋頭堡を渡河し、ドイツ軍部隊の翼部に攻撃を仕掛けることになっていた。ソ連第57軍司令官はこのとき、自らの予備兵力（第14親衛狙撃兵師団と第2騎兵軍団）でバルヴェンコヴォに向けた反撃を準備・実施し、到着してくる第23戦車軍団部隊と協同で、ベレーカ川の岸に進撃してきた敵を撃滅しなければならなかった。その後は、ソ連第23及び第21戦車軍団の主力が到着するとともに

ドイツ軍突撃部隊を最終的に壊滅させ、第9軍の形勢を回復することになっていた。

こうして、ソ連南西部戦線総司令官は、第9及び第57軍の前線にドイツ軍が開けた突破口を塞ぐため、南西方面軍南部突撃集団の主力を差し向けることを決断したのだった。それと同時に、チモシェンコ元帥は第6軍の攻勢を中断せず、5月19日に第6軍司令官に対してメレーファ方面への攻勢継続とムジャー川の防御線獲得の課題を確認した。この課題を実現するために、ソ連第6軍司令官には5月19日に第2梯団から第103狙撃兵師団を戦闘に投入する許可が与えられた。

ソ連第9軍の指揮連絡は、5月18日の間はずっと満足できる状態になかった。最高総司令部はこの件に関する情報を受け取って、ソ連南西部戦線総司令官に対して部隊統帥を至急秩序立てるよう厳しく要求した。

最高総司令部は1942年5月18日付訓令第170395号の中で、部隊の統帥を有線通信手段にのみ依拠するのではなく、各部隊司令部間の無線通信を過小評価してはならない、と訓示している。

5月18日のソ連南西方面軍北部突撃集団の戦闘活動は成果をもたらさなかった。ソ連第28及び第38軍の攻勢はこの日午前7時に開始予定であった。しかし、その準備がお粗末であったため、攻勢を一斉に始めることができなかった。予定通りに攻勢を開始したのは第38軍だけであった。首尾良く攻撃を始めたソ連第226及び第124狙撃兵師団の配下部隊は1.5〜2km前進した。第38軍司令官は戦車旅団に戦闘に入るよう命じた。ソ連第13戦車旅団はニェポクルイタヤへの近接路に進出したが、そこで敵の空襲を受けて戦車の大半を失い、出撃地点に後退した。しかも、攻撃がうまく準備されていなかったことから、デューコフ大尉の第1大隊の戦車数両は攻撃に出発さえしなかった。大隊長自身も部隊から離れ、彼の戦車は敵の射撃を受けてしまった。

この日のドイツ軍航空部隊は、ソ連第38軍戦区で200回以上の戦闘出撃を行った。

ソ連第36戦車旅団が戦闘行動地区に到着したのは、すでに日が暮れる頃であった。ソ連第266及び第124狙撃兵師団はこの戦車旅団の支援を受けて攻撃を継続し、与えられた課題を遂行しようとしたが、成功しなかった。また、第81及び第300狙撃兵師団の活動も成果を出さずに終わった。

11時30分、ソ連第28軍突撃部隊の攻勢が開始された。第169狙撃兵師団は攻勢に転じようとしたが、ドイツ軍機の激しい空襲にさらされて、出撃地点に留まったままだった。

ソ連第162狙撃兵師団は戦車部隊と連携してより良い攻撃を見

87～89：ソ連第22戦車軍団のイギリス製の歩兵戦車Mk.Ⅱマチルダと第133戦車旅団が集落から敵を駆逐している。1942年5月14日、南西方面軍。(ASKM)
付記：マチルダ戦車は、レンド・リースによって1,084両がソ連に送られた。装甲の厚さを生かして歩兵支援任務に使用されたが、機動力が悪く、評判は良くなかった。

せ、16時までにはヴェショーロエ南方の地区を制した。しかしドイツ軍は、ソ連第169師団が消極的なのを幸いに、何の妨害も受けずにヴェショーロエ地区に1個連隊規模の歩兵と戦車45両を集結し、19時に第162師団の前進部隊の翼部と後方に強力な攻撃を仕掛け、それを出発地点に撃退した。攻勢拡大を命じられていたソ連第277狙撃兵師団と第58戦車旅団は、指示された地区に時間通りに集結することができず、戦闘には加わらなかった。

ソ連第38狙撃兵師団は、敵が南方でテルノーヴァヤ防衛を弱めた機に乗じて、この日のうちに再び敵の守備隊を包囲したが、壊滅させることはできなかった。

5月19日は、ソ連第5騎兵軍団と第9軍の他部隊の残存兵力は、ドイツ軍攻撃部隊がイジュームから西方に進路を変えた結果、ドネツ川の渡河施設から遮断されてしまった。一元化された指揮系統を持たないこの兵力は自力で包囲網から脱出した。5月19日の夜明けに、この部隊はザヴォツコイ地区にたどりつき、大きな損害を出しながらもドネツ川を左岸に渡りきった。

ドネツ川を泳いで渡った将兵のほか、3個のソ連軍戦車旅団（第12、第15、第121）の中で可動状態にあったのは、渡河施設の防御のために残されていたT-60戦車7両だけであった。KV戦車6両とT-34戦車18両、T-60戦車17両、Ⅲ号戦車3両は、敵に破壊されるか、または退却の際に乗員自らの手で爆破された。さらに15両のKV戦車とT-34戦車9両、それにT-60戦車5両はバルヴェンコヴォ～ボゴ

88

89

90：ハリコフ攻防戦をテーマとしたドイツの『Signal』紙の一頁。（M・バリャーチンスキー氏提供）
付記：8tハーフトラックと牽引される8.8cm砲が写っている。

ロージチノエ地区に修理に後送される予定であったが、それも退却の際に破壊された。

　5月17日～19日の間にソ連軍戦車旅団（第12、第15、第121）はドイツ軍戦車を24両（この中にはドイツ軍が使用した捕獲KV戦車1両が含まれる）と、歩兵を載せた自動車20両を撃破または破壊し、航空機1機を撃墜した。

　ソ連第296狙撃兵師団は、第3戦車旅団とともにドネツ川を右岸に渡河し、第51狙撃兵師団と第30騎兵師団をストゥジェーノク地区において補強する役目を負っていたが、5月18日はこの課題を遂行できなかった。ストゥジェーノク地区のドネツ川右岸の橋頭堡を押さえていたソ連軍部隊はドイツ軍の圧力に堪えきれず、5月19日午前9時までに川の左岸に退いた。

　5月19日の夕刻には、ソ連第9軍の残存部隊もドネツ川の左岸に移り、そこで防御を固めた。

　ソ連第57軍の正面ではドイツ軍はそれほど活発な動きは見せず、ソ連軍部隊はこれまでの防衛線に残留していた。ソ連第2騎兵軍団は5月19日の朝から攻勢に転じ、ドイツ第60自動車化師団主力と

の戦闘に突入した。

　ソ連第23戦車軍団がベレーカ川に到着したのは、予定の5月18日夕刻ではなく、敵がすでに川に到達し、その先頭部隊がペトロフスカヤ地区で川を左岸に渡河したときだった。S・チモシェンコ元帥の追加指令によって、ソ連第23軍の戦闘課題は変更された。ベレーカ川に到達した敵部隊に反撃する代わりに、軍団は主力をもってこの川の左岸に防御陣地を構え、1個旅団を使ってグルシェヴァーハ地区から敵を駆逐せよとの命令を夕暮れに受領した。

　ソ連軍の活動がそれほど活発でないのに乗じて、ドイツ軍司令部は5月19日の間に部隊の再編成を行い、その結果、クライスト集団の突撃部隊（第16及び第14戦車師団と第60自動車化師団）はベレーカ川の線まで引き寄せられ、2個歩兵師団（第389及び第384）は第2梯団に送られ、戦車師団の背後に配置された。ドイツ軍突撃部隊の主力は、5月19日の終わりまでにバルヴェンコヴォ北方に集結した。

　ソ連第21戦車軍団も第23戦車軍団同様、第6軍作戦部の手際が良くなかったために、戦闘離脱の総司令官命令を受領するのが8～10時間も遅れた。軍団配下部隊が戦闘から離脱を始めたのは、ようやく5月19日の10時であった。ソ連第6軍右翼は第21戦車軍団の支援のもとで攻勢を開始し、10時にはズミーエフ市南端に到達したものの、それから先は軍団が戦闘から外れたために前進できなかった。

　ソ連第6軍の配下部隊は戦列から外れる第21戦車軍団とタイミングよく交替することができず、交替部隊の戦区で反撃に移ったドイツ軍との戦闘に突入するはめになった。

　作戦予備兵力の大半を失ったソ連第6軍司令官は、5月19日に第103狙撃兵師団全部隊を戦闘に投入することを躊躇し、そのうちの1個連隊だけを用い、師団主力は自らの予備として温存した。この連隊を戦闘に使用したことは前線の形勢を安定化させはしたが、攻勢の決定的な拡大を保障するものではなかった。

　5月15日から19日にかけて、ソ連第6軍部隊は主攻撃方面で15～20km前進した。ボーブキン戦闘集団の前進距離は主攻撃方面において32kmで、補助的な方面では15～20kmであった。攻勢開始以来のメレーファ～ハリコフの主攻撃方面におけるソ連第6軍の前進距離は28km、ボーブキン戦闘集団のそれは60kmに達した。攻勢正面は全部で145kmに及び、そのうち55kmはソ連第6軍の攻勢地帯、35kmが第6騎兵軍団の担当、そして残る55kmでは戦闘集団左翼部隊が活動していた。

　ソ連南西部戦線総司令官は第9軍と第57軍左翼の戦況を見た上で、5月19日にメレーファとクラスノグラードに向けた攻勢の継続

を諦め、バルヴェンコヴォ地区から進撃してきているドイツ軍部隊の殲滅に南西方面軍南部突撃集団の全力を傾けることを決断した。

5月19日17時20分、S・チモシェンコ元帥は戦闘命令第00320号を直通連絡で伝えた。それによると、ソ連第6軍とボープキン戦闘集団の全部隊は到達した線で防衛態勢に移行し、部隊の再編成と新しい課題の遂行に着手することになった。戦闘集団所属の全部隊と第253、第41、第266狙撃兵師団、第5親衛および第48戦車旅団、さらに第6軍砲兵増援部隊からなる新たな戦闘集団が編成され、その指揮官には南西方面軍副司令官が任命された。ソ連軍新戦闘集団の統帥は、前のボープキン戦闘集団の作戦部を使って行われることになった。新戦闘集団の課題は、5月20日朝からズミーエフ～カラヴァン～クラスノグラード～サフノーフシチナの線で防衛態勢に移り、第6騎兵軍団の主力を予備に回すことであった。同時に、戦闘集団は精強部隊をもってズミーエフ市地区を制圧し、チェレムーシナヤ地区のドネツ川渡河施設を掌中に収めねばならなかった。

ソ連第6軍の編制には第337、第47、第103、第248、第411狙撃兵師団と第21及び第23戦車軍団、第37戦車旅団、さらに最高総司令部予備の砲兵連隊6個が残っていた。第6軍は第337及び第47狙撃兵師団をもってバラクレーヤからズミーエフにいたるドネツ川右岸を防衛し、ベレーカ川の渡河施設を維持しつつ、密かに軍の主力をボリシャーヤ・アンドレーエフカ～ペトローフスカヤの線に展開させ、第9及び第57軍と連携して敵のバルヴェンコヴォ部隊を叩き、南方面軍右翼の形勢を回復させなければならなかった。

戦闘命令第00320号では、ソ連第38軍左翼の狙撃兵師団4個と戦車旅団2個の兵力を用いた攻撃を、戦闘集団と向かい合う形に発起させることも想定していた。この目的で、第38軍副司令官を長とする作戦集団が編成された。このソ連軍作戦集団には第242、第278、第304、第199狙撃兵師団と第156及び第168戦車旅団が含まれていた。ソ連南西部戦線総司令部は、この攻撃の結果、第38軍の左翼がズミーエフ地区で戦闘集団の右翼とつながり、ドイツ軍のチュグーエフ部隊が壊滅し、その後のハリコフ方面への戦闘活動に5個に上る狙撃兵師団を振り向けることが可能になるだろうと期待していた。

ソ連南西部戦線総司令官が1942年5月19日に発した戦闘指示第0141号、第0142号、第0143号によって、南方面軍所属各軍の課題が定められた。

ソ連第150、第317、第99、第351、第341狙撃兵師団と第2騎兵軍団からなり、さらに第6軍から譲られた第38戦車旅団で増強された第57軍は、右翼で防衛線を続けると同時に、狙撃兵師団と騎兵師団各3個とすべての増援戦力を用いて、バルヴェンコヴォを南

91：赤軍の指揮官がパルチザンに、撃破されたドイツの5cmL/60砲搭載型III号戦車J型を見せている。1942年5月、南西方面軍。（ASKM）

から迂回する攻撃を準備しなければならなかった。

ソ連第349、第343、第106、第335、第51、第296狙撃兵師団と第333狙撃兵師団2個連隊、第39、第34、第60騎兵師団、それに戦車旅団4個を抱える第9軍は、ドネツ川左岸に防御を固め、ストゥジェーノク地区からドールゲニカヤに向けた攻撃を準備し、また兵力の一部をもってイジュームからドイツ軍を掃討する課題を受領した。

5月19日のソ連第28及び第38軍は、やや編制を変えた部隊を使用して、これまでの課題に沿った攻撃を続けていた。

5月19日午前9時、ドイツ軍はテルノーヴァヤ地区に11機の輸送機から小さなパラシュート空挺部隊と物資を投下した。ここに包囲されている友軍守備隊を補強し、第28軍の後方を攪乱することがその目的であった。このときは、空挺部隊の大半がソ連第38及び第175狙撃兵師団の配下部隊によって壊滅してしまった。

午前9時30分、ソ連第28軍は攻撃を発起したものの、成功はしなかった。第38軍の攻撃もまた不成功に終わった。大規模な航空支援の下で反撃を行ったドイツ軍部隊は、ソ連第38軍の全部隊をして攻撃発起線に後退することを余儀なくした。

午後になってドイツ軍は第168歩兵師団を使ってソ連第21軍第293狙撃兵師団の戦区で攻勢に転じ、ソ連軍をその陣地線からムーロムの北端に追いやった。

これは、ソ連第28軍司令官に、左翼と後方をムーロムの側から防護するために、まだ戦闘に用いていなかった機動戦力を使用させることを強いた。

ソ連南西方面軍司令官は、バルヴェンコヴォ突出部の形勢が次第

92：ノーヴィコフ少佐率いる戦車搭乗強襲部隊（タンクデサント）。強襲部隊はT-34/76戦車1941年型を支援している。1942年5月、南方面軍。（ASKM）
付記：戦車に騎乗するあわれなタンクデサント。写真1、54の付記参照。

　に深刻化していくことに伴い、一部の兵力を割いて方面軍左翼の増援に派遣することができるよう、ドイツ戦車部隊の殲滅を加速せよと、第28軍司令官に厳しく要求した。
　第28軍司令官は、5月20日朝から攻撃を開始するものの、第277狙撃兵師団と第58戦車旅団は戦闘に投入してはならない、との方面軍司令官の指示を受け取った。これまでの戦闘で敵が機先を制して攻撃を開始してきたことを考慮して、第28軍司令官は攻撃を5月20日の夜明けとともに開始するよう命じた。攻撃の主目的はこれまで通り、ヴェショーロエ〜テルノーヴァヤ地区の敵戦車部隊の殲滅であった。
　ソ連北部突撃集団に対峙しているドイツ軍部隊の総戦力と企図について、ソ連第21軍と第28軍の司令官は2人ともかなり楽観的な評価をしていた。敵はこれまでの戦闘で甚大な損害を出して疲弊しきっており、攻勢を中止する用意があると考えていたのだった。この結論を両軍の司令官はソ連南西方面軍司令官に報告した。第21軍司令官は攻勢の指示を受領せず、5月20日を部隊の態勢整備と軍装の冬用から夏用への切り替えに使うことに決め、各部隊に対しては形勢改善の課題を出すに留まった。
　しかしソ連第21軍と第28軍の司令官たちが想定した敵の実力は、現実とはかけ離れていた。5月19日までにドイツ軍司令部はホルヴ

93、94：ソ連軍部隊が包囲網を突破するときに遺棄したスターリングラードトラクター工場製のT-34/76戦車。1942年5月27日、南西方面軍第130戦車旅団。戦車はЛ2-КС（ラテン文字ではL2-KSに相当：訳注）のマーキングはあるが、迷彩は施されていない。というのも、これらの車両は1942年5月初頭に受領されたものだからだ。写真94は、ドイツ軍の司令部用乗用車の窓から撮影されたものである。（ASKM）

95：泥濘地を進むⅣ号戦車群。1942年5月、南西方面軍。（ASKM）

96：東ウクライナを行軍中のドイツⅢ号戦車縦隊。1942年6月、南西方面軍。（ASKM）
付記：Ⅲ号戦車J後期型と思われる。

97：行軍中のドイツⅢ号戦車縦隊、1942年5月末。

ィッツァー戦闘団（第83歩兵師団の2個連隊規模）を、ソ連第21軍がこの日に後退したことによって形成されたムーロムとヴェルゲーフカの間の突出部に集結させ、さらに第28軍の正面手前で部隊の再編成を済ませていたのだった。このドイツ軍部隊再編成の内容は、ソ連第21軍と第28軍の連接部に第3戦車師団（戦車40両）と第57歩兵師団の2個連隊を配置し、第23戦車師団（戦車100両）と第71歩兵師団の2個連隊をニェスクーチノエ地区に派遣するというものであった。

　5月20日の夜明けとともに、ソ連第175狙撃兵師団を除く第28軍の配下部隊は攻勢に転じ、順調に前進を開始した。ところが、ドイツ第23戦車師団の主力が集結していたニェスクーチノエ南方にさしかかったところで、進撃はドイツ軍の戦車と砲兵の強力な射撃と空襲を受けて停止した。12時になると、今度はドイツ軍が、ソ連第28軍の第175及び第169狙撃兵師団に対する反撃に移った。ドイツ軍の戦車と、戦場の上空で絶えず行動していた航空機の圧力に堪えかねて、この両師団は前線全域にわたって東方への後退を始め、右隣のソ連第21軍配下部隊の後方を露出させてしまった。

　17時にはホルヴィッツァー戦闘団が攻撃を発起した。それはソ連第21軍の防衛線を突破し、ムーロムの北西部を占拠した。この状況下、第21軍司令官は第227狙撃兵師団と第34自動車化狙撃旅団の部隊を形成された包囲陣から撤退させ始め、中間防御線[注8]での防戦を組織しようと試みた。しかし、第28軍の右翼部隊が性急に退却していったため、これらの計画は挫折した。

　5月20日夕刻までにドイツ軍は機動戦力を用いてペトローフスカヤ～クラースヌィ・リマンの地区に進出することに成功し、5月22日の暮れには、バルヴェンコヴォにいたソ連軍部隊の包囲を完了した。

[注8] 第1線、第2線などの主要防御線の間に築かれる規模の小さな防御線のこと。（訳者）

南部集団の編成とバルヴェンコヴォ包囲戦 (5月23日〜28日)
ОБРАЗОВАНИЕ ГРУППИРОВКИ《ЮГ》 БОИ В ОКРУЖЕНИИ (23-28 МАЯ)

98：川岸への空爆時に大破して遺棄されたZIS-5トラックの縦隊（手前の車両の番号はI-94-59）。1942年5月末、ソ連軍南部集団。(ASKM)

　5月23日から、最初はソ連南方面軍参謀部内で、それから南西部戦線作戦本部内で、バルヴェンコヴォ橋頭堡に包囲されたソ連軍部隊の救出計画が練られ始めた。しかし、ストゥジェーノク地区のドネツ川渡河施設はドイツ軍の砲と迫撃砲の射撃にさらされていた。そのため、南方面軍第3、第12、第15戦車旅団を用いて実施されていた作戦は、一時的に中止された。

　5月23日夕刻、ソ連南西部戦線総司令官は敵の包囲線を突破し、ソ連軍部隊をドネツ川の左岸に救出する決定を下した。この目的で、ドイツ軍の包囲下に置かれたソ連第6及び第57軍、戦闘集団の配下部隊から南部集団が編成され、F・Ya・コステンコ中将がその司令官に任じられた。この決定は最高総司令部によって承認された。とはいえ、バルヴェンコヴォ橋頭堡のソ連軍部隊の包囲が現実のものとなったこの段階では、時すでに遅しの感があった。

　新しい計画によると、ソ連軍南部集団は南東側を防御しながら、サーヴィンツィに向けて主力による攻撃を発起し、部隊を計画通りにドネツ川の対岸に脱出させることになっていた。包囲された部隊を援助するため、南方面軍内に混成戦車軍団が編成され、それは南

99：ドイツ軍に撃破されたソ連のT-34/76戦車1942年生産型。1942年5月、南西方面軍。（RGAKFD）

　西方面軍第38軍の左翼を舞台に活動し、包囲網を突破してくる友軍部隊と向き合うように進撃しなければならなかった。同時に、チェーペリ地区で包囲線の外環を突破攻撃していたソ連第38軍の兵力も、攻撃の矛先を変えることになった。

　ソ連軍混成戦車軍団の編成には、当初第3及び第15戦車旅団の兵器が利用された。1942年5月23日現在、第15戦車旅団は29両の可動戦車（T-34戦車20両、T-60戦車9両）を、第3戦車旅団は33両の可動戦車（KV戦車8両、T-34戦車9両、T-60戦車16両）を保有していた。混成戦車軍団には完全なる形態を整えた司令部はなかった。部隊の統帥には、第121戦車旅団司令部の残存要員と装備が使用された。きちんと組織された司令部がなかったために、戦車旅団を指揮し、資材を補給するのはきわめて困難であった。たとえば、混成戦車軍団の将兵は数日間にわたって食糧の補給を受けられないということさえあった。

1942年5月23日現在の南方面軍混成戦車軍団の編制

部隊名	第64戦車旅団	第114戦車旅団	第15戦車旅団	第92独立戦車大隊
保有戦車数	33	25	24	20
車種別保有数	マチルダー11両 ヴァレンタイン-1両 T-60－21両	M3中－2両 M3軽－2両 T-60－21両	T-34－17両 T-60－7両	T-34－8両 T-60－12両

100：攻撃中の第5親衛戦車旅団の戦車群。1942年5月、南西方面軍。(ASKM)
付記：砲塔後部形状から、スターリングラード工場製の車体と思われる。独特の改良と簡略化が行われている。

　各旅団の戦車が集結地区への移動を始めたとき、ゴロホヴァートカ地区とチストヴォートカ地区の渡河施設がないことが判明した。3時間の間に急ごしらえされた渡河設備を使って、川を渡ることができたのは軽戦車のみであった。他の戦車は迂回路を探さねばならなかった。

　この戦車縦隊はチストヴォートカの線から、間断ない空爆にさらされ、渡河と行軍が次第に遅れていった。

　5月23日夕刻までにイヴァーノフカの集結地区に到着できたのは、第15戦車旅団の戦車24両（T-34戦車17両、T-60戦車7両）と第3戦車旅団の戦車15両（T-34戦車2両、T-60戦車13両）であった。他の戦車は行軍途中で遅れをとり、全車両が修理を必要としていた。KV戦車は、必要な積載能力を持つ渡河手段がなかったため、戦車旅団が配置される地区に辿り着いたのは、ようやく1942年5月25日のことだった。

　イヴァーノフカに到着するやいなや、混成戦車軍団はまたもや再編成された。第3戦車旅団が軍団の編制から外され、その代わりに、包囲を免れた第23戦車軍団第64戦車旅団が編入され、また第114戦車旅団と第92独立戦車大隊も加えられた。この時点で、混成戦車軍団には総数102両の戦車があった。

　ソ連南方面軍機甲軍担当副司令官のI・シュテヴニョーフ戦車軍中将（彼が混成戦車軍団の作戦指揮をとっていた）に宛てた南部集団のルーフレ大佐の連絡によると、第21戦車軍団はグサーロフカ〜ヴォルヴェンコヴォ〜ヴィソーキーの地区に、第23戦車軍団はロゾヴェーニカ地区に集結中とのことだった。実際のところは、第21戦車軍団集結地区はすでにドイツ軍に押さえられていた。

　ソ連軍混成戦車軍団に対しては、第21戦車軍団と連携して、プロトポーポフカ地区のドイツ軍部隊を撃滅せよとの課題が出され

101：ソ連軍部隊が退却の際に遺棄した歩兵戦車Mk.ⅡマチルダⅡ。1942年5月29日、南西部戦線、ソ連軍南部集団。（ASKM）

た。
　1942年5月25日14時、ソ連第15戦車旅団は第242狙撃兵師団教導大隊と協同で、クラースナヤ・グサーロフカとバイラークに対する攻撃を発起した。ソ連第114戦車旅団は第903狙撃連隊と連携して、チェーペリ地区を攻撃した。
　ドイツ軍部隊はソ連戦車部隊の攻撃を強力な砲兵射撃をもって迎えた。また、ソ連軍部隊の戦闘隊形は、25～30機編隊で行動していたドイツ軍の爆撃機群による絶え間ない空襲を受けた。
　G・I・シェルスチューク少将が率いるソ連第242狙撃兵師団の教導大隊は第15戦車旅団とともに行動していたが、戦車との連絡を完全に失い、自らの位置を誰にも知らせることができなかった。たとえば、教導大隊の第1中隊は大隊第二陣として攻撃に加わらねばならなかったが、攻撃時の混乱の中で大隊長はこの中隊の行方が分からなくなってしまった。人員70名のこの中隊は、「勇敢な」マカルティチャン中尉の指揮の下、5月25日の17時まで後方に留まったまま、何をすればいいのか知らなかった。ようやく、ソ連混成戦車軍団司令部の将校らがこの中隊を発見し、戦車の後に随って攻撃に向かわせた。ところが、中隊は暗くなるとともに四方八方に散らばり、23時になって、まずは中隊長のマカルティチャン中尉が、それから中隊全員が三々五々、大隊長を探していたとばかりに戦場から戻ってきた。第242狙撃兵師団教導大隊の位置を第15戦車旅団司令官が知ったのは、ようやく5月26日の午後のことで、ジューコフカとシチューロフカの集落付近を流れるドネツ川の低地で戦車兵たちがこの部隊を発見したからだった。

1942年5月25日の夕刻、ソ連軍各戦車旅団はチェーペリを戦闘の末に占拠した。この日1日で混成戦車軍団の戦車旅団は、ドイツ戦車19両と対戦車砲8門を破壊し、2個中隊規模の敵歩兵を殲滅した。一方自らの損害は戦車29両に上り、第15戦車旅団は7両（T-34戦車5両、T-60戦車2両）、第64戦車旅団は10両（マチルダ戦車7両、T-60戦車3両）、第114戦車旅団は12両（M3及びM2戦車4両、T-60戦車8両）をそれぞれ失った。5月26日の時点で各戦車旅団が保有していた可動戦車は、第15戦車旅団はT-34戦車10両とT-60戦車10両、第64戦車旅団はマチルダ戦車2両、ヴァレンタイン戦車1両、T-60戦車7両、また第114戦車旅団はT-60戦車が13両であった。この日、ソ連第92独立戦車大隊は混成戦車軍団の編制から外され、第3戦車旅団司令官の指揮下におかれた。

　1942年5月26日、態勢を立て直したソ連混成戦車軍団は、包囲線の外環を突破すべく、攻撃を再開した。ソ連第900狙撃連隊の戦区では、第15、第64、第114戦車旅団のほかに、クラースナヤ・グサーロフカ方面に第3戦車旅団が投入された。この旅団は、受領した第92独立戦車大隊と併せて、計35両の戦車（KV戦車2両、T-34戦車13両、T-60戦車20両）を保有していた。

　16時30分にソ連戦車がドイツ軍部隊との戦闘に入り、旅団配下のソ連軍自動車化狙撃兵大隊が塹壕から出て戦車の後について攻撃に走り出したとき、戦場の上空には12機のソ連襲撃機が姿を現した。ところが、その投下爆弾は友軍部隊の頭上に降りかかってきた。

102：ソ連第6軍第48戦車旅団所属の歩兵戦車Mk.Ⅱマチルダ（車体番号はW.D.T17761、戦術番号は18-17）。1942年5月、南西方面軍。（ASKM）
付記：この車体番号は英軍が書いたものである。

103：ハリコフトラクター工場製の45㎜砲搭載型装甲トラクター。このようなトラクターがKhTZ-16の製造型名の下に、ハリコフトラクター工場で1941年の秋に生産された。履帯を失ったトラクターは乗員によって遺棄され、ドイツ軍部隊に捕獲された。1942年5月、南西方面軍。（ASKM）
付記：この種の車両としてSU-45と呼ばれるものが知られているが、それとは別もののようである。主砲防盾は溶接されているようで、これでは旋回できないように見えるが……。

被害を蒙った自動車化狙撃兵大隊の将兵は身を伏せた。そして、ソ連軍襲撃機が去った後、今度はドイツ軍の爆撃機群が登場し、20～30機編隊でソ連軍部隊を終日爆撃し続けた。

ソ連第242狙撃兵師団の歩兵はそもそも攻撃に立ち上がらなかった。戦車旅団自動車化狙撃兵大隊はこの日は今までの陣地線に留まり、敵の防衛線を突破することはできなかった。

1942年5月26日の1日の間に破壊されたドイツ軍の戦車は4両、対戦車砲は2門であったが、ソ連軍の損害は戦車11両（第3戦車旅団－KV戦車1両、T-34戦車4両、T-60戦車1両；第15戦車旅団－T-34戦車5両、T-60戦車3両）を数えた。第64及び第114戦車旅団は損失はなかった。

5月27日現在、各戦車旅団の可動戦車保有状況は、第3戦車旅団－KV戦車1両、T-34戦車6両、T-60戦車18両；第15戦車旅団－T-34戦車6両、T-60戦車8両；第64戦車旅団－マチルダ戦車2両、ヴァレンタイン戦車1両、T-60戦車7両；第114戦車旅団－M3戦車5両、T-60戦車5両、となっている。

1942年5月26日、チェーペリ地区で第6及び第57軍の大部隊のひとつが包囲網を突破した。まだ包囲されている南部集団の可動戦車はすべて、第5親衛、第7、第37、第38、第43戦車旅団とさらに

第21及び第23戦車軍団の残存部隊からなるクジミン少将の戦車集団に統合された。この戦車集団の課題は、敵包囲線を突破し、第6及び第57軍の部隊をロゾヴェーニカ～サトキー～チェーペリ方面に脱出させることであった。この課題を遂行するにあたって先鋒を務めたのは、14両の戦車（KV戦車1両、T-34戦車7両、T-60戦車6両）を保有する第5親衛戦車旅団であった。このときの目撃談によれば、ロゾヴェーニカ地区にはドイツ軍防衛線を突破するためのソ連軍部隊が、第21戦車軍団と南西方面軍配下の戦車旅団の戦車、合計60両をもって編成されていた。戦車群は楔形に並び、ミハイロフ少将が指揮する最も戦闘経験豊富な第5親衛戦車旅団が先導した。負傷者は戦車の上に載せられた。歩兵は楔の内側に配置され、あらかじめ、再編成のための停車は行われないため、とにかく戦車の後から走ってついてくるよう言い渡された。包囲網の突破を夢見た2万2,000人のうち、脱出できた者は約5,000名と第5親衛戦車旅団の戦車5両（T-34戦車4両、T-60戦車1両）、自動車GAZ-AA 2両、それに突破部隊を掩護していたGAZ-AAAトラック搭載型高射機関銃1挺であった。第5親衛戦車旅団は、司令官が負傷して捕虜となり、政治委員は戦死、1,211名いた将兵のうち脱出できた者は155名だった。

　同じく、5月26日はソ連邦英雄のE・プーシキン戦車軍少将が率いる第23戦車軍団が包囲網を突破して、第6及び第57軍の別のグループを脱出させた。

　ところで、包囲網の"鍋"の中にいるソ連軍部隊の状況は非常に厳しく、弾薬も燃料も食糧も不足し、荒涼としたステップ草原は敵の攻撃から身を隠す場所すら与えなかった。絶望に駆られての脱出の試みの甲斐なく、大半の将兵はついに包囲網から自由になることは叶わなかった。この戦闘に参加していたドイツ第1山岳師団（＊）のある兵が当時の様子を次のように描写している（＊ 第1山岳師団はベレーカ川に沿う包囲線内環で活動していた。ミハイロフ少将とプーシキン少将の部隊は包囲網を突破する際にこの師団の左右を通過していった：著者注）──「第1山岳師団が自分の陣地についてから数時間が経った頃、5月25日～26日にかけての夜半に、包囲された部隊の最初の突破が始まった。夜の帳が照明ロケット弾に煌々と照らされる中、怪物のような唸り声とともにぎっしりと固まったロシア軍の密集縦隊が耳をつんざくような指揮官や政治委員たちの号令のもとに、こちらの陣地になだれ込んできた。私たちは狂ったように防御射撃を開始した。にもかかわらず、敵の縦隊はこちらの細い防衛線を掘り返すかのごとく、行く手にあるものをみな打ち倒しては、なぎ払い、同志の死体に躓いては足を踏み外しながらも突進し、200mも走りぬいたところでようやく私たちの銃砲弾に倒れ始めた。生き残った者たちはベレーカ川の谷沿いに退いていった。

104：ドイツ軍に撃破された、赤軍第114戦車旅団所属の米国製M3中戦車。1942年5月、南西方面軍。
付記：M3「リー」戦車は、車体に75mm砲を装備し、砲塔に37mm砲を装備した中途半端な戦車だったが、当時のアメリカ軍の主力戦車だった。しかし、ソ連軍では不評で、7人乗りであることから、7人兄弟の棺桶などと呼ばれたという。

しばらくして、空がもう明るくなりつつあったが、ベレーカ谷に状況を確認するために偵察隊が派遣された。しかし、偵察隊はそんな遠くに行くまでもなかった。辺り一面にロシア兵がひしめいていたのだ。いたるところに死体が横たわっていた。なんとも言い難いおぞましい光景だ。しかし、"鍋"の中の戦いはまだ終わってはいなかった。下に降りたところのベレーカの川岸にはさらに数万の降伏を望まぬ者たちがいた。友軍戦車の攻撃は成功しなかった。それはすぐにソ連のT-34戦車に反撃を食らった。これはまるで映画のようだった。

夕闇が訪れる頃、大きなロシア機が、おそらく然るべき命令をもって飛んできたのだろう。凄まじい叫び声と怒号が、新たな突破が始まったことを知らせた。ロケット弾の揺らめく明かりがその姿を照らし出した。密集した群れには戦車が随伴していた。敵は今度、正面全域にわたって数個の楔を突き出して私たちを攻撃してきた。絶体絶命の際に立った多くの者は、感覚がなくなるまで泥酔していた。彼らは、まるでロボットのように、私たちの射撃をものともせず、あちこちでこちらの陣地に押し寄せてきた。彼らの通った跡は凄惨のひと言に尽きた。頭蓋骨を戦車の履帯で叩き割られ、原形を留めぬままに"アイロンがけ"された戦友たちを私たちはこの"死の道"に見つけたのだった。

翌朝、ベレーカ川での戦闘は終わっていた。私たちの師団は2万

105：戦闘で撃破されたソ連軍南部集団のイギリス製の歩兵戦車Mk.IIIヴァレンタインIV。1942年5月、南西部戦線。（ASKM）
付記：車体・砲塔側面に、パンチで開けたような見事な貫徹口が見える。ヴァレンタインの側面装甲厚は60mm、砲塔側面装甲厚は65mmであった。

106：ハリコフ攻防戦の結果捕獲された歩兵戦車Mk.IIIヴァレンタインIV。1942年6月、東ウクライナ。（ASKM）

7,000名以上の捕虜を捕らえ、約100両の戦車とほぼ同じ数の砲を捕獲した」。

5月26日の日中、ドイツ南方軍集団司令官のフォン・ボック元帥は、包囲されたソ連軍との戦闘を続けている部隊を訪問した――「私は、ブライト集団から第44、第16戦車師団を通って第60自動車化師団と第1山岳師団に行く。どこも場景は一緒だ。次第に追い詰められつつある敵は、それでもここかしこで突破を試みているが、すでに崩壊の瀬戸際にある。ロゾヴェーニカ南東のあるひとつの高地に立つと、煙の上がる"鍋"を叩くわが砲兵中隊の射撃に対する応答が、次第に弱まりつつあるさまがよくわかる。捕虜の群れは後方に流れていき、それとすれ違いにわが軍の戦車と第1山岳師団部隊が攻撃に向かっていく――感銘的な光景だ！」。

包囲された部隊から届いた情報に基づくと、1942年5月27日9時に、T-34戦車9両とT-60戦車12両とからなる、第64戦車旅団長のポーストニコフ中佐が率いる戦闘部隊が、敵包囲線を突破し、ノヴォ・パーヴロフカ地区にいる第6及び第57軍の部隊を解放するために派遣された。しかし、攻撃地区に移動中、この戦車隊は敵の射撃に遭遇し、空襲を受けた。その結果、戦闘から戻ったのはT-34戦車3両とT-60戦車5両のみであった。3両のT-34戦車は敵陣を突破したようだが、行方不明となった。この作戦の最中に、第64戦車旅団指揮官のポーストニコフ中佐が戦死した。

5月27日13時、10〜12両のドイツ戦車がソ連軍部隊の最前線に攻撃を試みたが、戦車と砲兵の射撃で撃退された。

5月17日の午後、チェーペリ地区で包囲網から脱出するための橋頭堡を拡大する目的で、ソ連混成戦車軍団第114戦車旅団が第242狙撃兵師団2個連隊の掩護を受けながら攻撃を発起した。しかし、砲と機関銃の激しい射撃、それに空襲を受けて、この攻撃は失敗した。ようやく5月28日になって、ソ連軍部隊はドイツ包囲網の外側の線を、幅1kmの戦区で突破できた。1942年5月27日から28日にかけての夜半、ソ連第38軍の戦区では、ある程度大きな部隊としては最後のふたつのグループが包囲から脱した――チェーペリ地区ではソ連第6及び第57軍に所属する6,000名規模の将兵が、またクラースナヤ・グサーロフカとグサーロフカの間では600名が生還した。

最初に突破して出てきたのは6両のT-34戦車だった。その1両の中から南西方面軍軍事会議員のK・A・グーロフ師団政治委員が這い出てきた。戦車の後からはA・G・バチューニャ少将が率いる歩兵が波打って押し寄せてきた。

1942年5月27日は終日、ドイツ軍司令部は包囲網を完全に封鎖し、赤軍部隊が抜け出すのを不可能にしようとしていた。そのため

107、108：撤退時に遺棄された第5親衛ロケット迫撃砲連隊所属の装軌式トラクターSTZ-5 NATI搭載型ロケット発射装置BM13。ハリコフ作戦では第5親衛及び第55親衛ロケット砲連隊が参加したが、どちらも第6軍に所属していた。1942年5月、南西方面軍。(RGAKFD)
付記：STZ-5はSTZ-3の改良型で、キャブオーバー型のエンジン配置により後部に広い荷台スペースをとることが可能となった。第二次大戦勃発までに約7,000両が生産された。

　に、クラースナヤ・グサーロフカ～ヴォロブーエフカ地区に60両に上る戦車とトラックに載せた歩兵6～7個大隊を引っ張ってきた。ドネツ川の渡河施設に対するドイツ軍の反撃を恐れたソ連軍部隊は、5月28日に防御に転じた。ソ連混成戦車軍団の戦車は地面に埋設され、偽装を施された。砲兵部隊は、直接照準射撃を行うための陣地に移動した。ソ連軍戦車旅団の中にはこの時点で44両の戦車が残っていた――第15戦車旅団にはT-34戦車2両とT-60戦車が12両、第64戦車旅団にはマチルダ戦車2両とT-60戦車5両、第114戦車旅団にはM3戦車5両とT-60戦車5両、第3戦車旅団にはKV戦車1両にT-34戦車3両、T-60戦車が9両、である。

　包囲網脱出をより容易にするために、5月28日から29日にかけての夜半にチェーペリ地区の戦区で再度夜襲が敢行された。ソ連狙撃兵部隊は500m前進したが、それから先はドイツ軍の機関銃と迫撃砲の射撃で押し止められた。

　第38軍部隊と混成戦車軍団の戦区では、この夜包囲網から脱出できたのは個々の将兵や小さな部隊だけであった。5月30日までに包囲網から生還したのはおよそ2万7,000名であった。

　これはまさしく大惨事であった。ソ連側資料によると、南西部戦線の1942年5月10日～30日までの損害は、将兵26万6,927名（このうち病院に収容された傷病者―4万6,314名、戦死し敵の非占領地区に埋葬されたもの―1万3,556名で、残る20万7,047名が包囲された）、戦車652両、砲1,646門、迫撃砲3,278門、となっている。

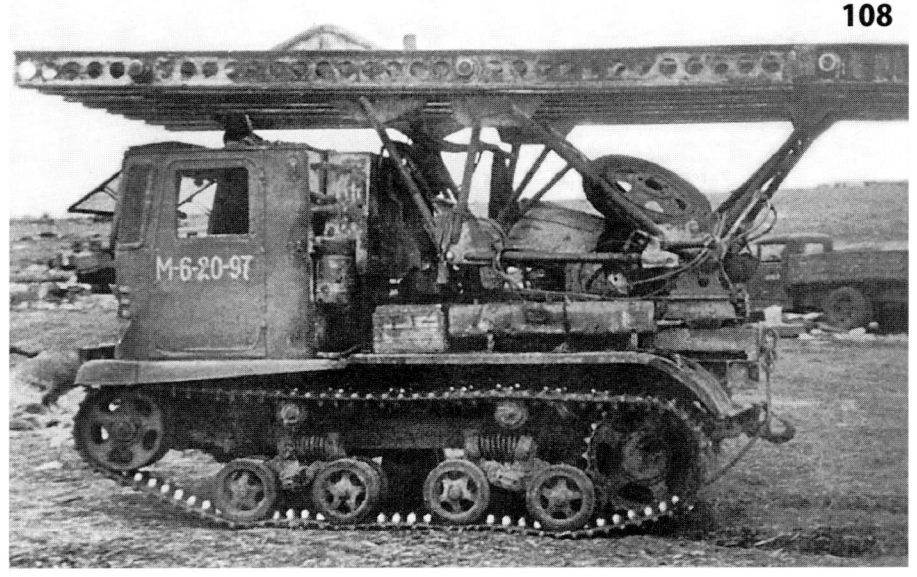

それと同時に、ソ連側文書には「兵器及び資材の損害の確定は、一連の部隊に関する資料が欠如していることから、可能とは思われない」、と指摘されていた。

　包囲網の中ではまた、多くの有名な将軍たちが戦死した。その中には、南西方面軍副司令官F・Ya・コステンコ中将をはじめ、第6軍司令官のA・M・ゴロドニャンスキー中将と同軍軍事会議員I・A・ヴラーソフ旅団政治委員、第57軍では司令官のK・P・ポードラス中将、軍事会議員のA・I・ポペンコ旅団政治委員、参謀長のA・F・アニーソフ少将、砲兵司令官のF・G・マリャローフ砲兵少将、それから戦闘集団司令官のL・V・ボープキン少将、第15狙撃兵師団司令官D・G・エゴーロフ少将、第47狙撃兵師団司令官F・N・マトゥイキン少将、第270狙撃兵師団司令官Z・Yu・クートリン少将、第337狙撃兵師団司令官I・V・ヴァシーリエフ少将、その他多数の司令官の名が並んでいた。

　ドイツ側の資料は、ハリコフ攻防戦の中で、23万9,036名の捕虜を捕らえ、2,026門の砲と1,249両の戦車、それに540機の航空機が破壊、もしくは捕獲したとしている。また、ドイツ軍の全損データについては、人員2万名としているが、兵器資材の損害データは今のところ入手できていない。

　クライスト将軍は戦闘が終わったばかりの地区を訪れて、――「戦場は見渡す限り、人馬の死体で埋め尽くされている。それも、あまりにぎっしりと埋まっているため、乗用車が通過できる場所を見つ

けるのに苦労した」、と書いている。これらの出来事に遭遇したドイツ人たちにハリコフ攻防戦が及ぼした心理的影響は大きかった。彼らの中には、将来に対して懐疑的な見方をする者も出てきた。ハリコフ東方での戦闘の後、ドイツ第3戦車軍団司令官のマケンゼン将軍は戦闘後の配下部隊に関する報告書の中で次のように伝えている──「勝利は死の瀬戸際にて達成された」。

　パウルス将軍の子息、エルンスト=アレクサンドル戦車将校は、ハリコフ攻防戦で負傷した。彼は父に戦闘の様子を語り聞かせている──「ロシア軍は戦車を大量に失い、戦場には数百の撃破された戦闘車両が立ち尽していました。ロシア軍の司令部は、まったくもって戦車をまともに使うことなんてできはしません。捕虜となったソ連のある戦車将校が、チモシェンコ元帥が部隊を訪問したときのことを語っていました。チモシェンコは戦車群の攻撃を観察していましたが、ドイツの砲兵射撃がそれらをまさしく粉々にしているのを目の当たりにして、こう言ったそうです、『こりゃあひどい！』と。それだけ言って踵を返すと、戦場を後にしたといいます。

　僕はこういうのを見てきて、『この怪蛇のような敵は、後どれだけの戦車と予備を動員できるのだろうか』と自問したものです」。

　ハリコフ作戦で赤軍が敗北したとの報告を受けたヨシフ・スターリンは、それを大惨事だと呼んだ──「わずか3週間ばかりの間に南西方面軍はその軽率さのおかげで、半ば勝ちえていたハリコフ作戦に破れたのみならず、さらに18〜20個師団も敵にくれてやったとは……これは大惨事だ。その惨憺たる結果からして、東プロシアにおけるレンネカンプフとサムソーノフの悲劇（＊）に並ぶものだ……」。（＊ 第一次世界大戦中に帝政ロシア軍のレンネカンプフ将軍とサムソーノフ将軍の率いる大部隊が東プロシアに進出し、緒戦で成功を収めていたものの、相互の連携の悪さから、寡勢のドイツ軍に大敗を喫した事件「タンネンベルクの戦い」：著者注）

　スターリンは、失敗の責任は誰よりもまず南西部戦線司令部のS・チモシェンコとI・バグラミャン、N・フルシチョフにあるとした（それは、根拠のないことではない）。そして、スターリンはこう付け加えた──「もし、前線が体験し、さらに耐え続けている惨劇をすべてありのまま国中に伝えたとしたら、君たちはすこぶる酷い目に遭ったことだろう……」。

109：混成戦車軍団第114戦車旅団所属の撃破されたアメリカ製M3「リー」戦車。1942年5月、南方面軍。147号車はUSA W 304850の登録番号を持っている。（RGAKFD）

付記：M3は各型合計1,386両が送られた。M3のソ連軍での評判は最悪で、特に背の高いシルエットは敵からの良い的になるとして嫌われた。USA W 304850はアメリカ軍の登録番号である。

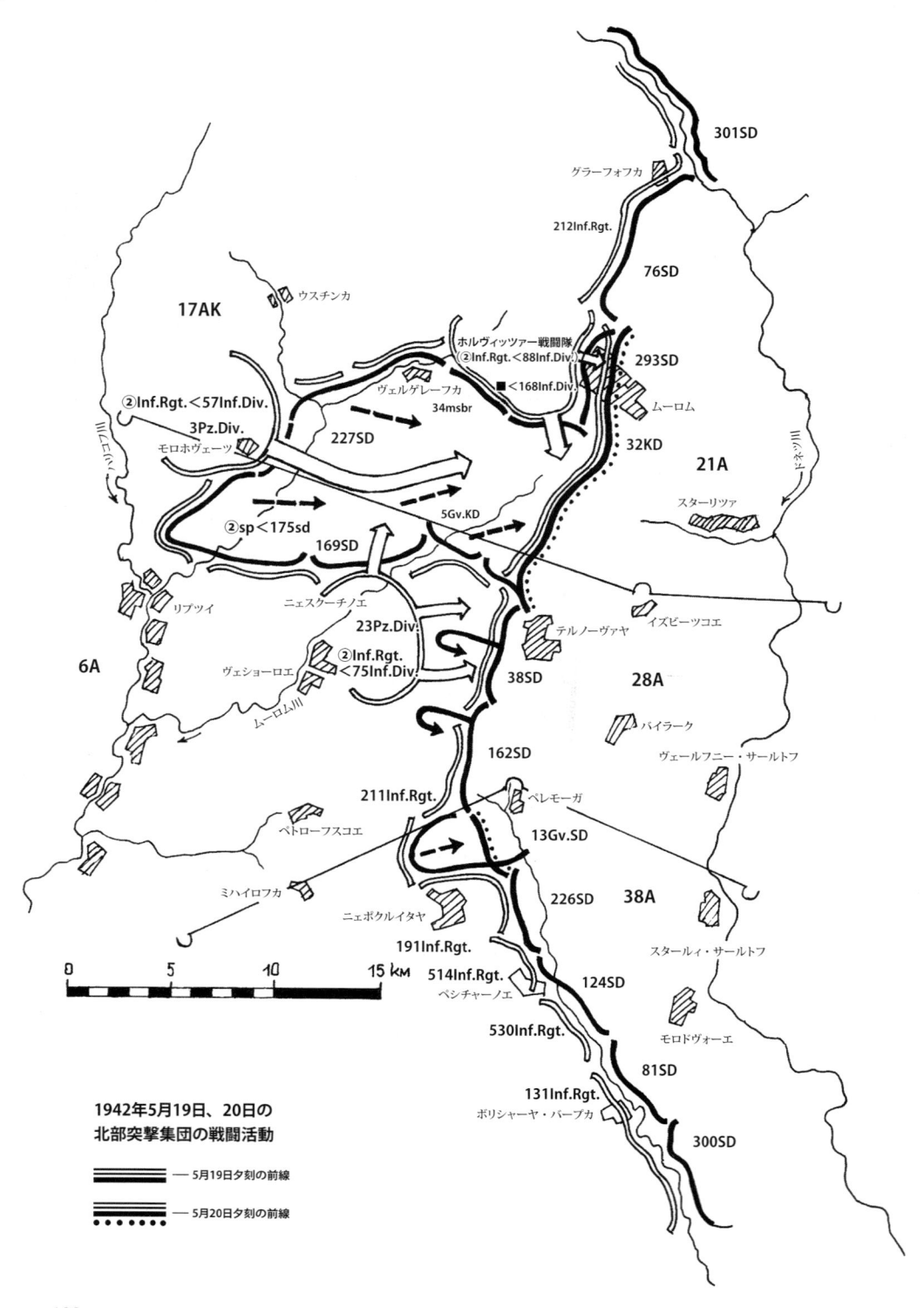

1942年5月19日、20日の北部突撃集団の戦闘活動

1942年5月17日～19日のドイツ軍の
反撃開始と北部突撃集団の戦闘活動

―― 5月16日夕刻の前線
―― 5月17日夕刻の前線
…… 5月19日夕刻の前線

おわりに
ЗАКЛЮЧЕНИЕ

　　ハリコフ作戦におけるソ連軍部隊の失敗を分析すると、南西部戦線総司令部が犯した戦略的及び作戦・戦術上の誤算のほかに、小隊長から軍司令官にいたるあらゆるレベルの赤軍士官層大半の練度が低かったことが、この壊滅的な敗北の原因だったという認識に至らざるをえない。部隊指揮の能力や経験、各兵種間、特に航空部隊と戦車部隊、歩兵部隊の間の連携を組織する能力は、個々人の勇猛さでカバーできるものではなかった。ドイツ軍の戦車に対して、その性能を上回り、しかも倍以上の車両数を持ちながら、ソ連軍司令部は戦車を旅団単位に分散して狙撃部隊に分配するという挙に出て、ドイツ軍防衛第一線の突破で戦車兵力を「使い果たし」てしまった。

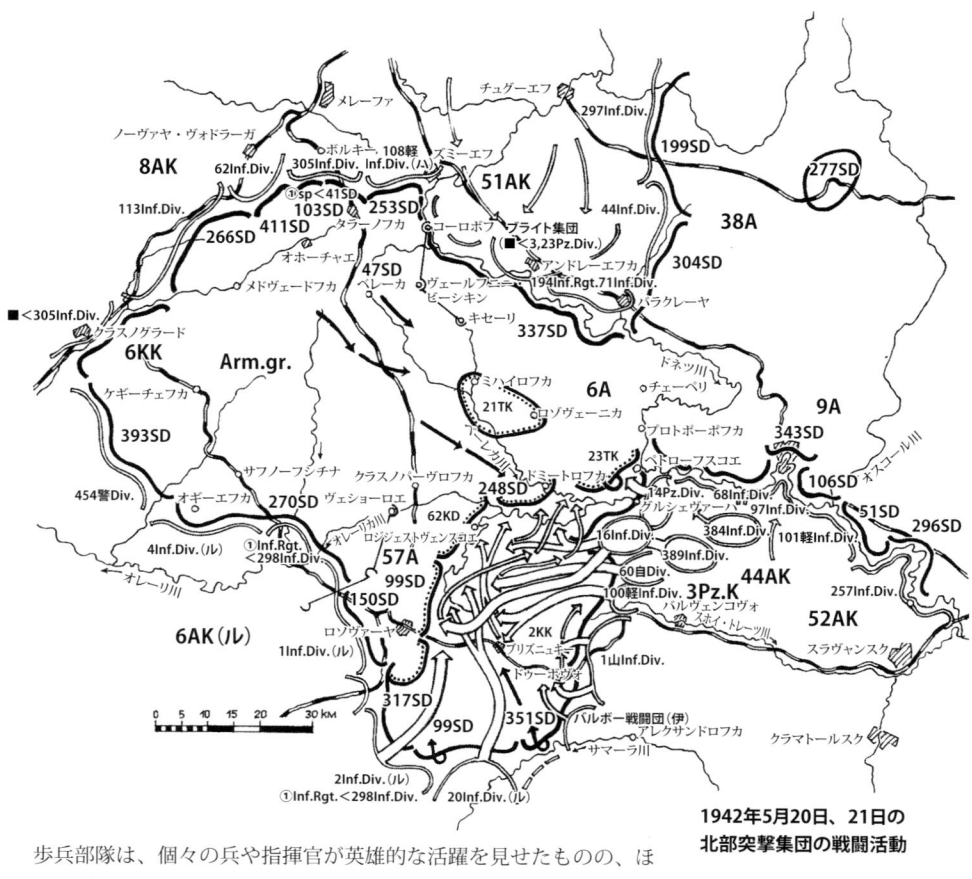

1942年5月20日、21日の
北部突撃集団の戦闘活動

━━━ 5月19日夕刻の前線
━━━ 5月21日夕刻の前線

　歩兵部隊は、個々の兵や指揮官が英雄的な活躍を見せたものの、ほとんどはたいした働きもせずに終わった。ハリコフ作戦におけるドイツ国防軍第3戦車師団の戦闘活動を総括する報告書の中に、ソ連兵の練度に関して次の指摘があった——「ロシア軍の歩兵は弱い。歩兵は、戦車部隊の支援がなければ、何があろうとも敵陣を攻撃することはない。開戦以後、攻撃戦術そのものには何の変化もない。ロシア軍は生身の力で戦闘を行い、勝利は膨大な人的損害の上に築かれている。

　ロシア兵は、わが軍戦車部隊の大規模な攻撃に組織だった抵抗を行うことはできない。銃砲弾がかすっただけで、歩兵はパニックに陥って、陣地を放棄している。これが特に顕著だったのが、ハリコフ郊外での戦闘である。このたびの作戦の結果は、第一に、わが戦車部隊の熟慮に満ちた活動によってもたらされたものである。わが戦車部隊は後退する敵を夜中も追撃し、日中の戦闘の後に正気に還る余裕すら与えなかった。

　ところが、労農赤軍のあらゆる短所と脆弱な組織性にもかかわら

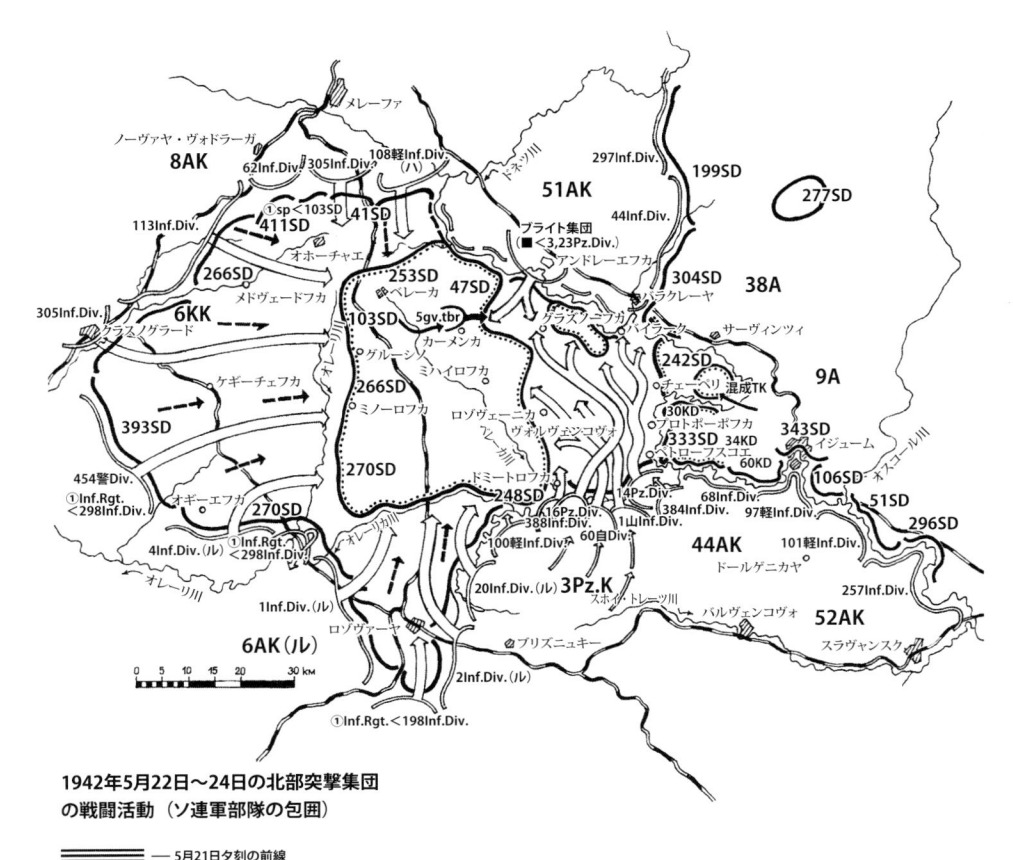

**1942年5月22日～24日の北部突撃集団
の戦闘活動（ソ連軍部隊の包囲）**

― 5月21日夕刻の前線
― 5月24日夕刻の前線

ず、その戦車は設計上、わが軍の戦車にも劣らない。戦車搭乗員の個人レベルの訓練度も非常に高い。ハリコフ郊外のある戦闘で捕虜となったひとりのロシア軍戦車中尉は、彼らの戦車部隊はあらゆる面で我々の部隊より優れている、と尋問の際に言った。また、赤軍内では、我々が成型炸薬戦車砲弾を使用していることはすでに知られている。この捕虜の証言に基づき、我々はロシア戦車旅団の編制定数を確定した。それは、我々のものと原則的に何ら違いはない。ロシア軍の特殊視覚信号も理解できた。上に揚げられた黄旗は"縦隊に整列せよ"、上に揚げられた赤旗は"散開せよ"、横方向に振られる赤旗は"敵戦車出現、位置につけ"、となる。

　ロシア軍戦車の大半は無線装備がなく、我々の戦車に対して大規模な攻撃を然るべく組織することはできない。通常、最初に戦闘斥候隊の戦車4両が姿を見せ、その後でほかの戦車が1両ずつ現れてくる。おそらく、これが理由で、ロシア戦車の乗員はいかなる種類の火器からの射撃も、たとえそれが何の損傷も与えることができない火器から発射されたものでさえ嫌がるようだ。危険性をいつも的確に評価しないまま、無線による追加情報もない中で、ロシアの戦

**1942年5月25日～28日の
北部突撃集団の戦闘活動
（包囲された部隊の壊滅）**

――― 5月24日夕刻の前線
〰〰〰 5月25日夕刻の前線
●●●●● 5月25日夕刻の前線
〜〜〜 5月26日夕刻の前線

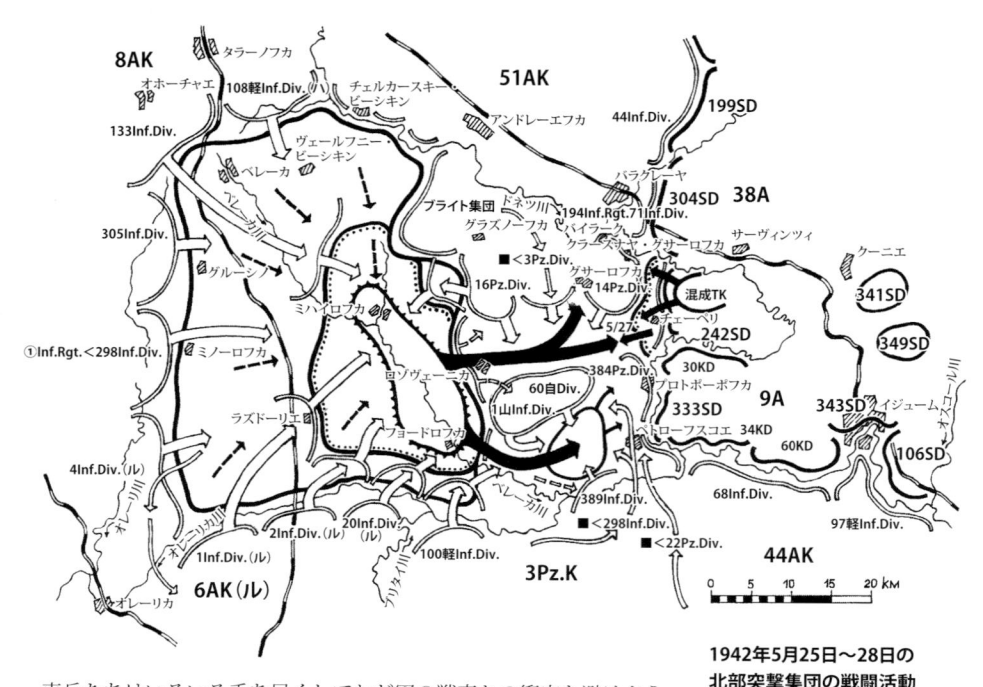

　車兵たちはいろいろ手を尽くしてわが軍の戦車との衝突を避けようとしており、37mm及び50mm対戦車砲、それに50mmKwk L/42戦車砲の射撃から逃げ回ろうとする。

　わが軍のソ連軍防衛地帯深部への突破が戦車と装甲兵員輸送車の長大な縦隊による前進に大きく関係していることを、ロシア軍はよく理解している。そこでロシア軍は、T-34戦車による2～3個の待ち伏せ陣地を各地区の最も高い高地に配置して、わが軍の前進を首尾よく遅滞させることがしばしばあった。それらの戦車は巧妙に偽装され、射撃を開始するまで識別できず、また翼部からの射撃も不可能であった。わが軍の攻撃を挫折させる戦術上の経験に加え、ロシア軍には新型対戦車兵器も出現した。例えば、14.5mm対戦車銃PTRDは非常に長い銃身と銃架を備えている。対戦車銃1挺ごとに2名からなる射撃班がつく。その銃弾は、わが軍のIII号戦車とIV号戦車の装甲を容易に貫通する。射程距離は今のところ我々には不明である。ロシア軍の対戦車射撃班は、その主標的は指揮戦車であり、戦車の防弾ガラスばかりを狙撃するよう指導されている。特殊な形態の後部アンテナを備えた指揮戦車は容易に識別され、とりわけ効果的に駆逐された。こうして、1週間の間に第6戦車連隊は6両の指揮戦車と指揮官の大半を失った。そのため、第6戦車連隊長は、指揮戦車から標準型のIII号戦車への乗り換えを決定した。その後になって、ひとつの車両の中に連隊長とともに、通信将校ではなく、連隊長副官が同乗することが決められた。連隊長は自分の意図を副官

に伝え、副官は無線装置を利用してほかの人員にそれを伝達した。通信将校は連隊長車のすぐ後続の車両に乗り、無線周波数をコントロールして、師団司令部との連絡を維持した。

ロシア軍部隊との戦車戦の経験から、待機して敵を射撃包囲陣におびき寄せる戦法が急襲攻撃よりもはるかに有効であることが明らかとなった。正面衝突で多数のロシア戦車を破壊したものの、我々の戦車の損害もそれに劣らなかった。横隊での低速前進と両翼迂回包囲が、ロシア戦車との戦闘で最も有利な戦法である」。

ドイツ側資料によると、第23戦車師団第201戦車連隊第1大隊はソ連戦車との戦闘において（1942年5月12日〜27日）、79両の戦闘車両（T-34戦車45両、マチルダ戦車13両、BT戦車12両、KV戦車9両）を破壊し、自らは10両（Ⅲ号戦車9両、Ⅳ号戦車1両）を失った。ツィーアーフォーゲル（Ziervogel）戦車大隊（ドイツ第3戦車師団第6戦車連隊第3大隊）は、5月12日から22日にかけて62両の敵戦車（KV戦車5両、T-34戦車36両、BT戦車16両、マチルダ戦車5両）を撃破した。大隊の損害は記されていない（＊）。（＊ この情報はあまり客観的ではない。なぜなら、ドイツ軍の損害は全損分だけが記録され、ソ連側の損害は明らかに誇張されているからである：著者注）

ドイツ軍司令部はハリコフ作戦の有利な結果を活かして、部隊の形勢を改善する目的で、パウルス将軍の第6軍とクライスト将軍の第1戦車軍を使用してさらにふたつの作戦を実施した。

6月10日、パウルス将軍率いるドイツ第6軍は攻勢を発起し、ヴォルチャンスク西方とチュグーエフ東方で、いまだ5月の攻防戦の傷が癒えていないソ連第28軍と第38軍に対して2個の部隊をもって打撃を加えた。両軍は攻撃に耐えかねて、東方への後退を始めた。ようやく6月14日になって、ヴォルチャンスクの東35kmでの南西方面軍の2個戦車軍団と2個狙撃兵師団による反撃がドイツ軍の東進を止めることができた。6月22日、対ソ連進撃作戦開始1周年に、ドイツ軍はチュグーエフ橋頭堡から強力な攻撃を発起し、ソ連軍の防衛線を突破して、2日後にはクピャンスクの鉄道中継拠点に進出した。

ソ連南西方面軍司令官には、6月23日〜26日にかけて部隊をオスコール川左岸に退却させるほかに手はなかった。ドイツ軍がこの川を渡河し、橋頭堡を獲得しようとした試みは、撃退することができた。

ドイツ国防軍の5月から6月の成功は、その司令部をして再び戦略的主導権を獲得し、「ブラウ作戦」の遂行に有利な環境を作り出すことを可能ならしめた。

1942年5月29日現在の南西方面軍配下戦車旅団の戦車配備状況

部隊名	KV-1	T-34	T-60	マチルダ	ヴァレンタイン	BT	T-26	計
			第168戦車旅団					
(保有数)	9	20	16	—	—	—	—	45
(受領予定数)	—	—	—	—	—	—	—	—
(配備予定数)	9	20	16	—	—	—	—	45
			第36戦車旅団					
(保有数)	10	—	12	15	8	—	—	45
(受領予定数)	—	—	—	—	—	—	—	—
(配備予定数)	10	—	12	15	8	—	—	45
			第13戦車旅団					
(保有数)	5	2	9	20	—	3	3	42
(受領予定数)	—	—	—	—	—	—	—	—
(配備予定数)	5	2	9	20	—	3	3	42
			第156戦車旅団					
(保有数)	9	20	15	—	—	—	—	44
(受領予定数)	—	—	—	—	—	—	—	—
(配備予定数)	9	20	15	—	—	—	—	44
			第133戦車旅団					
(保有数)	—	2	14	14	—	1	6	37
(受領予定数)	—	—	—	—	—	—	—	—
(配備予定数)	—	2	14	14	—	1	6	37
			第58戦車旅団					
(保有数)	—	13	10	—	—	—	—	23
(受領予定数)	8	3	7	—	—	—	—	18
(配備予定数)	8	16	17	—	—	—	—	41
			第6親衛戦車旅団					
(保有数)	2	6	6	—	—	—	—	14
(受領予定数)	8	5	12	—	—	—	—	25
(配備予定数)	10	11	18	—	—	—	—	39
			第90戦車旅団					
(保有数)	—	6	7	—	—	—	—	13
(受領予定数)	—	10	14	—	—	—	—	24
(配備予定数)	—	16	21	—	—	—	—	37
			第6戦車旅団					
(保有数)	3	6	11	—	—	—	—	20
(受領予定数)	5	—	8	—	—	10	1	24
(配備予定数)	8	6	19	—	—	10	1	44
			第10戦車旅団					
(保有数)	—	1	4	—	—	—	—	5
(受領予定数)	—	—	—	—	—	—	—	—
(配備予定数)	—	1	4	—	—	—	—	5

部隊名など用例

ドイツ及び枢軸軍

A―軍
AK―軍団
Pz.K―戦車軍団
Inf.Div.―歩兵師団
軽Inf.Div.―軽歩兵師団
山Inf.Div.―山岳歩兵師団
自Div.―自動車化師団
警Div.―警備師団
Pz.Div.―戦車師団
Inf.Rgt.―歩兵連隊
自Rgt.―自動車化連隊
（ハ）―ハンガリー軍
（ル）―ルーマニア軍

ソ連軍

A（А）―軍
Arm.gr.（Арм.гр.）―戦闘集団
VPU（ВПУ）―副指揮所　例）VPU6A：第6軍副指揮所（第6軍指揮本部の補助機関で、指揮本部が危急の際には、そこへ避難し、さらに指揮を継続することが可能）
▭―軍または戦闘団の司令部（指揮本部）の所在地
KK（КК）―騎兵軍団
TK（ТК）―戦車軍団
KD（КД）―騎兵師団
Gv.SD（Гв.СД）―親衛狙撃兵師団
SD（СД）―狙撃兵師団
t.gr.（т.гр.）―戦車集団
msbr（Мсбр）―自動車化狙撃兵旅団
gv.tbr（гв.мбр）―親衛戦車旅団
tbr（тбр）―戦車旅団
sbr（сбр）―狙撃兵旅団
sp（сп）―狙撃兵連隊
otb（отб）―独立戦車大隊
tbn（тбн）―戦車大隊

その他

○で囲んだ数字―部隊や戦車の数
■―部隊兵力の一部を示す
＜―上位・下位部隊の所属関係を示す
例）②Inf.Rgt.＜75Inf.Div.：第75歩兵師団2個歩兵連隊　■＜9A：第9軍の一部
tk―戦車群
◇―戦車部隊・戦車群の位置
☗―パラシュート空挺部隊
5/16など―日付
・177など―高地
⌒⌒―作戦地境

参考文献と資料

1. 1942年5月15日〜6月1日の南方面軍戦車部隊の活動に関する総括報告　国防省中央公文書館　フォンド番号228、ファイル管理番号738、ファイル番号40、33〜36ページ
2. 1942年5月17日〜6月1日の南方面軍戦車部隊の活動に関する報告　国防省中央公文書館　フォンド番号228、ファイル管理番号738、ファイル番号40、1〜9ページ
3. 42年5月22日〜29日の混成戦車軍団の戦闘活動に関する総括報告　国防省中央公文書館　フォンド番号228、ファイル管理番号738、ファイル番号40、13〜25ページ
4. 1942年3月25日〜4月25日の第6戦車部隊の戦闘活動に関する報告　国防省中央公文書館　フォンド番号228、ファイル管理番号157、ファイル番号15、707a〜714ページ
5. 1942年5月12日〜21日の第22戦車軍団の戦闘活動に関する報告　国防省中央公文書館　フォンド番号38、ファイル管理番号80038ss、ファイル番号36、10〜15ページ
6. 1942年5月〜1943年3月の第23戦車軍団の戦闘活動に関する報告　国防省中央公文書館　フォンド番号229、ファイル管理番号604、ファイル番号4、622〜630ページ
7. 『大祖国戦争軍事史料集』第5刷　モスクワ、ソ連軍事省軍事出版刊　1951年　全86ページ［当時は軍事省と呼ばれ、後に国防省に改称された：訳注］
8. 『バルヴェンコヴォ・ロゾヴァーヤ作戦（1942年1月13日〜31日）』モスクワ、軍事出版所刊　1943年　全89ページ
9. K・S・モスカレンコ著『南西部戦線にて（1941〜1943）』モスクワ、軍事出版所刊1979年　全476ページ
10. Thomas L. Jentz. Panzertruppen. The complete guide to the creation and combat employment of Germany's tank Force (1933 - 1942). Schiffer Military History, Atglen P.A. 1996. 236c.
11. Mackensen Eberhard Von. ≪Vom Bug zum Kaukasus. Das 3 Panzerkorps im Fieldzug gegen Sowiet Russland 1941/1942≫ Neckargemund. Vowincke, 1967.
12. Werthen Wotgang. ≪Geschichte der Panzer-Division 1939 - 1995≫ Bad Nauheim, 1958.
13. Paul Carell. ≪Unternehmen BarBarossa≫ Frankfurt a Main, 1968.
14. HuBert Lanz ≪Gebirgsjager. Die 1 Gebirgsdivision 1935 - 1945≫ Podzum, 1954.
15. Friedlich Paulus ≪Ich ctehe hier auf Befehl!≫ Frankfurt a Main, 1960.
16. ≪Tagebuchnotizen OsT II Heergruppe Sud vom 16 Januar bis 15. Juli 1942≫.

[著者]
マクシム・コロミーエツ
1968年モスクワ市生まれ。1994年にバウマン記念モスクワ高等技術学校(現バウマン記念モスクワ国立工科大学)を卒業後、ロシア中央軍事博物館に研究員として在籍。1997年からはロシアの人気戦車専門誌『タンコマーステル』の編集員も務め、装甲兵器の発達、実戦記録に関する記事の執筆も担当。1999年には自ら出版社「ストラテーギヤKM」を起こし、『フロントヴァヤ・イリュストラーツィヤ』誌を2000年から定期刊行中。最近まで内外に閉ざされていたソ連側資料を駆使して、独ソ戦の真実に迫ろうとしている。著書『バラトン湖の戦い』は大日本絵画から邦訳出版され、『アーマーモデリング』誌にも記事を寄稿、その他著書、記事多数。

[翻訳]
小松徳仁（こまつのりひと）
1966年福岡県生まれ。1991年九州大学法学部卒業後、製紙メーカーに勤務。学生時代から興味のあったロシアへの留学を志し、1994年に渡露。2000年にロシア科学アカデミー社会学・政治学研究所附属大学院を中退後、フリーランスのロシア語通訳・翻訳者として現在に至る。訳書には『バラトン湖の戦い』、『モスクワ上空の戦い』(いずれも大日本絵画刊)がある。また、マスコミ報道やテレビ番組制作関連の通訳・翻訳にも多く携わっている。

[監修]
齋木伸生（さいきのぶお）
1960年12月5日生。東京都出身。早稲田大学政治経済学部博士課程修了。外交史と安全保障を研究、ソ連・フィンランド関係とフィンランドの安全保障政策が専門。現在は軍事評論家として、取材、執筆活動を行っている。主な著書に、『戦車隊エース』(コーエー)『ドイツ戦車発達史』(光人社)『フィンランドのドイツ戦車隊（翻訳）』(大日本絵画)などがある。また、『軍事研究』『丸』『パンツァー』『アーマーモデリング』などに寄稿も数多い。

独ソ戦車戦シリーズ 3

ハリコフ攻防戦
1942年5月 死の瀬戸際で達成された勝利

発行日	2003年11月6日 初版第1刷
著者	マクシム・コロミーエツ
翻訳	小松徳仁
監修	齋木伸生
発行者	小川光二
発行所	株式会社大日本絵画 〒101-0054　東京都千代田区神田錦町1丁目7番地 tel. 03-3294-7861（代表）　http://www.kaiga.co.jp
企画・編集	株式会社アートボックス tel. 03-5281-8466　fax. 03-5281-8467
装丁・デザイン	関口八重子
DTP	小野寺徹
印刷・製本	大日本印刷株式会社

ISBN4-499-22829-8 C0076

ФРОНТОВАЯ
ИЛЛЮСТРАЦИЯ
FRONTLINE ILLUSTRATION

БОИ ЗА ХАРЬКОВ В
МАЕ 1942 ГОДА

by Максим КОЛОМИЕЦ

©Стратегия КМ 2000

Japanese edition published in 2003
Translated by Norihito KOMATSU
Publisher DAINIPPON KAIGA Co.,Ltd.
Kanda Nishikicho 1-7,Chiyoda-ku,Tokyo
101-0054 Japan
©DAINIPPON KAIGA Co.,Ltd.
Norihito KOMATSU,Nobuo SAIKI
Printed in Japan